"十三五"职业教育国家规划教材

制冷和空调设备运行与维护专业教学、培训与考级用书

制冷设备安装与检修实训

主　编　孟广红

参　编　葛　青

主　审　吴　丹

U0239383

机械工业出版社

本书共分 5 个模块。模块 1 为常用检测仪器与维修工具；模块 2 为制冷设备；模块 3 为分体式空调器安装与调式；模块 4 为空调器电路的连接及检修；模块 5 为空调器故障诊断与维修。在每个模块后，编入了适合不同层次学生复习、巩固知识、提高水平的课后习题。

本书采用数码照相技术，将维修操作的全过程记录下来，然后再通过实物照片的形式演示出来，通俗易懂，可作为中等职业学校制冷和空调设备运行与维护专业的教材，也可以作为高等职业学院以及广大业余爱好者的阅读资料。

图书在版编目（CIP）数据

制冷设备安装与检修实训/孟广红主编. —北京：机械工业出版社，2017.2（2022.8 重印）

"十三五"职业教育国家规划教材. 制冷和空调设备运行与维护专业教学、培训与考级用书

ISBN 978-7-111-55855-2

Ⅰ.①制… Ⅱ.①孟… Ⅲ.①制冷装置-安装-中等职业教育-教材②制冷装置-维修-中等职业教育-教材 Ⅳ.①TB657

中国版本图书馆 CIP 数据核字（2016）第 323329 号

机械工业出版社（北京市百万庄大街 22 号　邮政编码 100037）
策划编辑：汪光灿　责任编辑：汪光灿　程足芬
责任校对：潘　蕊　封面设计：路恩中
责任印制：任维东
北京玥实印刷有限公司印刷
2022 年 8 月第 1 版第 6 次印刷
184mm×260mm · 7.5 印张 · 175 千字
标准书号：ISBN 978-7-111-55855-2
定价：25.00 元

电话服务　　　　　　　　　　　网络服务
客服电话：010-88361066　　　机　工　官　网　www.cmpbook.com
　　　　　010-88379833　　　机　工　官　博　weibo.com/cmp1952
　　　　　010-68326294　　　金　书　网　www.golden-book.com
封底无防伪标均为盗版　　机工教育服务网：www.cmpedu.com

关于"十三五"职业教育国家规划教材的出版说明

2019 年 10 月，教育部职业教育与成人教育司颁布了《关于组织开展"十三五"职业教育国家规划教材建设工作的通知》（教职成司函〔2019〕94 号），正式启动"十三五"职业教育国家规划教材遴选、建设工作。我社按照通知要求，积极认真组织相关申报工作，对照申报原则和条件，组织专门力量对教材的思想性、科学性、适宜性进行全面审核把关，遴选了一批突出职业教育特色、反映新技术发展、满足行业需求的教材进行申报。经单位申报、形式审查、专家评审、面向社会公示等严格程序，2020 年 12 月教育部办公厅正式公布了"十三五"职业教育国家规划教材（以下简称"十三五"国规教材）书目，同时要求各教材编写单位、主编和出版单位要注重吸收产业升级和行业发展的新知识、新技术、新工艺、新方法，对入选的"十三五"国规教材内容进行每年动态更新完善，并不断丰富相应数字化教学资源，提供优质服务。

经过严格的遴选程序，机械工业出版社共有 227 种教材获评为"十三五"国规教材。按照教育部相关要求，机械工业出版社将认真以习近平新时代中国特色社会主义思想为指导，积极贯彻党中央、国务院关于加强和改进新形势下大中小学教材建设的意见，严格落实《国家职业教育改革实施方案》《职业院校教材管理办法》的具体要求，秉承机械工业出版社传播工业技术、工匠技能、工业文化的使命担当，配备业务水平过硬的编审力量，加强与编写团队的沟通，持续加强"十三五"国规教材的建设工作，扎实推进习近平新时代中国特色社会主义思想进课程教材，全面落实立德树人根本任务；突显职业教育类型特征；遵循技术技能人才成长规律和学生身心发展规律；落实根据行业发展和教学需求，及时对教材内容进行更新；同时充分发挥信息技术的作用，不断丰富完善数字化教学资源，不断提升教材质量，确保优质教材进课堂；通过线上线下多种方式组织教师培训，为广大专业教师提供教材及教学资源的使用方法培训及交流平台。

教材建设需要各方面的共同努力，也欢迎相关使用院校的师生反馈教材使用意见和建议，我们将认真组织力量进行研究，在后续重印及再版时吸收改进，联系电话：010-88379375，联系邮箱：cmpgaozhi@sina.com。

机械工业出版社

前　言

本书是"十三五"职业教育国家规划教材，是根据教育部公布的《中等职业学校制冷和空调设备运行与维护专业教学标准》，同时参考中央空调操作员和制冷设备维修工职业资格标准编写的。

本书主要介绍家用空调的组成、工作原理，管理的组装，电气系统连接，制冷系统的调试、运行与故障排除等内容。本书在编写过程中力求体现以下特色：

1）执行新标准。本书依据最新教学标准和课程大纲要求编写而成，对接中央空调操作员和制冷设备维修工职业标准和岗位需求。

2）体现新模式。本书采用理实一体化的编写模式，突出"做中教，做中学"的职业教育特色。

3）本书在编写过程中吸收企业技术人员参与编写，紧密结合工作岗位，与职业岗位对接；选取的案例贴近生活和生产实际；将创新理念贯彻到内容选取、教材体例等方面。

4）本书突出能力方面的培养，在保证理论够用的基础上，侧重应用，培养学生适应职业变化的能力，使学生初步具备严谨的思维能力和分析问题的能力。在每一个模块之后配有一定量的课后习题及答案。

本书建议学时为68学时，具体学时分配如下：

模块1：16学时。

模块2：12学时。

模块3：16学时。

模块4：12学时。

模块5：12学时。

全书共分为5个模块，由大连电子学校孟广红任主编并负责全书的统稿工作。模块1、模块4由孟广红编写，模块2、模块3、模块5由葛青编写，全书由吴丹担任主审。编写过程中，编者参阅了国内外出版社的有关教材，还得到了大连汇达制冷设备有限公司的大力支持，并提供相关资料，在此一并表示致谢。由于编者水平有限，书中不足之处在所难免，恳请读者批评指正。

编　者

目 录

前 言
模块1 常用检测仪器与维修工具 ……… 1
1.1 制冷专用维修工具 ……………… 1
1.1.1 割管器 …………………… 1
1.1.2 倒角器 …………………… 1
1.1.3 胀管扩口器 ……………… 2
1.1.4 偏心扩口器 ……………… 2
1.1.5 弯管器 …………………… 3
1.2 常用工具 ………………………… 4
1.2.1 长柄十字螺钉旋具 ……… 4
1.2.2 内六角扳手 ……………… 4
1.2.3 活扳手 …………………… 4
1.2.4 卷尺 ……………………… 5
1.3 仪器与仪表 ……………………… 5
1.3.1 真空泵 …………………… 5
1.3.2 压力表 …………………… 6
1.3.3 阀门 ……………………… 7
1.3.4 双表修理阀 ……………… 7
1.3.5 米制/寸制加液管 ……… 8
1.3.6 米制/寸制转接头 ……… 8
1.3.7 顶针式开关阀 …………… 8
1.3.8 温度计 …………………… 9
1.3.9 卤素检漏灯 ……………… 9
1.3.10 电子卤素检漏仪 ……… 10
1.4 常用制冷剂与冷冻油 ………… 10
1.4.1 制冷剂的热力学要求 …… 10
1.4.2 制冷剂的物理化学要求 …… 11

1.4.3 制冷剂的种类 ………… 11
1.4.4 常用制冷剂 …………… 12
1.4.5 冷冻油 ………………… 14
1.4.6 制冷设备对冷冻油的要求 … 14
1.4.7 冷冻油温度与压力 …… 14
1.5 技能训练——制作工艺管 …… 15
1.5.1 准备工作 ……………… 15
1.5.2 项目任务书 …………… 15
1.5.3 任务实施过程和步骤 … 16
1.5.4 任务考核 ……………… 18
1.5.5 项目拓展 制冷管路的
螺纹连接 …………… 19
课后习题 ………………………… 21
模块2 制冷设备 ………………… 25
2.1 压缩机 ………………………… 25
2.1.1 往复活塞式压缩机 …… 25
2.1.2 旋转式压缩机 ………… 27
2.1.3 涡旋式压缩机 ………… 28
2.1.4 变频式压缩机 ………… 29
2.1.5 技能训练——维修压缩机 … 30
2.2 冷凝器与蒸发器 ……………… 34
2.2.1 冷凝器 ………………… 34
2.2.2 蒸发器 ………………… 35
2.2.3 技能训练——冷凝器、
蒸发器的检测与替换 … 37
2.3 节流装置 ……………………… 40
2.3.1 毛细管 ………………… 40

2.3.2 干燥过滤器 ……………… 40

2.3.3 技能训练——干燥过滤器

的检测与替换 ………… 41

课后习题 ……………………… 44

模块3 分体式空调器安装与调试 46

3.1 热泵空调系统 ……………… 46

3.1.1 热泵空调系统的组成 … 46

3.1.2 四通电磁换向阀 ……… 48

3.2 分体式空调器的安装 ……… 51

3.2.1 气焊连接 ……………… 51

3.2.2 喇叭口连接 …………… 53

3.2.3 整机的组装 …………… 53

3.3 制冷系统吹污 ……………… 55

3.4 制冷系统试压 ……………… 56

3.5 制冷系统抽真空 …………… 56

3.5.1 真空泵和双表修理阀总成

的使用方法 …………… 56

3.5.2 制冷系统抽真空的方法 57

3.6 加注制冷剂 ………………… 58

3.6.1 向系统注入液态制冷剂 58

3.6.2 向系统注入气态制冷剂 58

3.7 分体式空调器运行调试 …… 58

3.7.1 运行调试注意事项 …… 58

3.7.2 开机运行 ……………… 59

3.7.3 状态调整 ……………… 59

3.8 技能训练——模拟空调系统的

组装与调试 ……………… 60

3.8.1 准备工作 ……………… 60

3.8.2 项目任务书 …………… 63

3.8.3 任务实施过程和步骤 … 66

3.8.4 任务考核 ……………… 71

课后习题 ……………………… 73

模块4 空调器电路的连接及检修 76

4.1 电气维修工具 ……………… 76

4.1.1 万用表 ………………… 76

4.1.2 兆欧表 ………………… 78

4.1.3 钳形电流表 …………… 79

4.2 电气维修工具的使用 ……… 80

4.2.1 兆欧表测量电动机的绝缘

电阻 ……………… 80

4.2.2 钳形电流表测电动机空载

电流 ……………… 81

4.3 空调器电路的连接与维修 … 82

4.3.1 空调器电路的连接 …… 82

4.3.2 空调器电路的维修 …… 85

课后习题 ……………………… 89

模块5 空调器故障诊断与维修 92

5.1 空调器使用注意事项 ……… 92

5.1.1 操作要点 ……………… 92

5.1.2 使用遥控器的注意事项 92

5.1.3 家用空调器省电方法 … 92

5.2 家用空调器的保养 ………… 93

5.3 空调器常见故障的检修 …… 93

5.3.1 制冷剂不足 …………… 93

5.3.2 制冷剂加注过多 ……… 94

5.3.3 制冷系统中混入空气 … 94

5.3.4 制冷系统冰堵现象 …… 94

5.3.5 制冷系统脏堵 ………… 95

5.3.6 系统高、低压管路的压力

均过高 …………… 95

5.3.7 压缩机压缩不良 ……… 96

5.3.8 系统高、低压侧压力均

过低 ……………… 96

5.4 空调器故障判断流程 ……… 96

5.4.1 室外风机故障 ………… 96

5.4.2 压缩机故障 …………… 97

5.4.3 压缩机过热保护 ……… 97

5.4.4 整机不工作 …………… 97

5.4.5 不制冷 ………………… 97

5.4.6 结霜现象 ……………… 98

5.5 空调器故障检修案例 ……… 99

5.5.1 案例一 ………………… 99

5.5.2 案例二 ………………… 99

5.5.3 案例三 ………………… 101

5.5.4 案例四 ………………… 102

5.5.5 案例五 ………………… 103

5.5.6 家用空调器主要零部件的

检测 ……………… 104

常用检测仪器与维修工具

1.1 制冷专用维修工具

制冷专用工具有割管器、倒角器、胀管扩口器、偏心扩口器、弯管器等。

1.1.1 割管器

割管器是安装、维修过程中专门切割铜管和铝管的工具，常用割管器的切割范围为$\phi3\sim$ $\phi45mm$。它一般由支架、导轮、刀片和手柄组成，如图 1-1 所示。

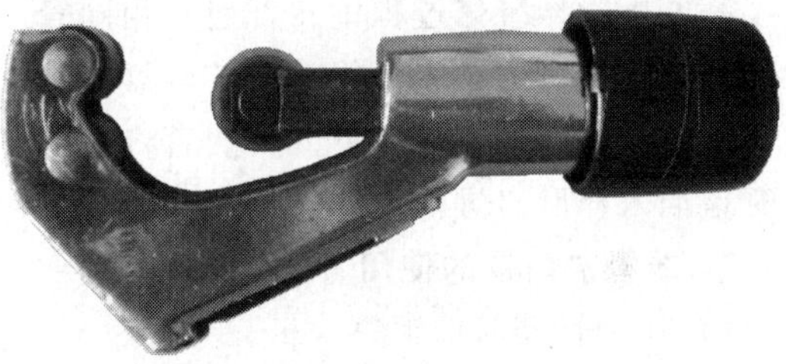

1. 割管器的使用方法

1）将铜管夹装到割管器手柄至铜管边缘。

2）使割管器绕铜管顺时针方向旋转。

3）割管器每旋紧 1/2 圈，需调紧手柄 1/4 圈。

图 1-1 割管器

4）重复步骤 2）、3）。

5）在铜管即将断开时用手将其轻轻折断。

2. 割管器使用注意事项

1）铜管一定要架在导轨中间。

2）所加工的铜管一定要平直、圆整，否则会形成螺旋切割。

3）由于所加工的铜管管壁较薄，因此调整手柄进给时，不能用力过猛，否则将导致内凹收口和铜管变形，从而影响切割质量。

4）铜管切割加工过程中出现的内凹收口和毛刺需进一步处理。

1.1.2 倒角器

铜管在切割加工过程中，易产生收口和毛刺现象。倒角器主要用于去除切割加工过程中所产生的毛刺，消除铜管收口现象。倒角器的外形结构如图 1-2 所示。

1. 倒角器的使用方法

1）用割管器截取铜管。

2）将倒角器一端的刮刀尖伸进管口的端部，左右旋转数次。

3）将铜管顶在倒角器另一端的刮刀上，左右旋转数次。

4）反复操作，直至去除毛刺和收口。

图 1-2 倒角器外形结构示意图

2. 倒角器使用注意事项

1）管口尽量朝下，以避免金属屑进入管道。

2）如有金属屑进入管道内，需将其清除干净。

3）不要用硬物敲击倒角器。

4）使用后除去倒角器上的金属屑，并在切削刃处涂防锈油。

1.1.3 胀管扩口器

胀管扩口器用于胀杯形口和扩喇叭口，其结构如图 1-3 所示。它是将小管径铜管（ϕ19mm 以下）端部扩胀形成喇叭口的专用工具，由扩管夹具和扩管顶锥组成，夹具有米制和寸制两种，扩管顶锥分为偏心扩管顶锥和正扩管顶锥两种。

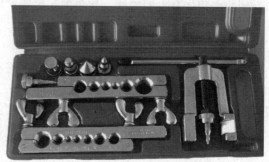

在实际操作维修过程中，若遇到相同管径的管道连接，通常先使用胀管扩口器将其中一根管道端部加工成杯形口，然后将另一根管道插入杯形口进行焊接。

图 1-3 胀管扩口器

1. 胀管扩口器的使用方法

1）用割管器截取铜管。

2）用倒角器去除铜管端部毛刺和收口。

3）选定所需的胀头，将其旋到杠杆上。

4）将需要加工的铜管夹装到相应的夹具卡孔中，铜管端部露出夹板面略大于铜管直径长度，然后旋紧夹具螺母直至将铜管夹牢，顺时针方向慢慢旋转手柄使胀头下压，直至形成杯形口。

5）使手柄逆时针方向慢慢旋转，将胀头从铜管中取出，松开夹具螺母。

6）取下铜管，观察杯形口是否符合要求。

2. 胀管扩口器使用注意事项

1）铜管与夹板的米制/寸制形式要对应。

2）有条件的最好在胀管扩口器顶锥上涂适量冷冻油。

3）铜管材质要有良好的延展性（忌用劣质铜管），铜管应预先退火。

4）铜管端口应平整、光滑。

5）杯形口大小应适宜，杯形口太大，则连接会有松动；杯形口太小则连接不上。

6）铜管壁厚不宜超过 1mm。

1.1.4 偏心扩口器

偏心扩口器用于为铜管扩喇叭口，以便通过配管将分体式空调的室内、外机组连接起来。相对于胀管扩口器，偏心扩口器的使用更加方便、省力。偏心扩口器的外观和结构如图 1-4 所示。

1. 偏心扩口器的使用方法

1）将固定圆棒及把手送到最顶端。

2）将底座打开至需要的孔距。

3）插入铜管，使管口与底座间的距离为1~2mm。

4）对准尺寸标示记号后旋紧侧面螺钉。

5）开始由顺时针方向旋转至自动弹开为止再转2~3圈。

6）操作完成后，将把手反方向转回到最顶端固定棒放松后，即可取出铜管。

2. 偏心扩口器（图1-4）**使用注意事项**

图1-4 偏心扩口器

1）铜管与夹具的米制/寸制尺寸要对应。

2）侧面螺钉应对准孔位，锁紧夹具。

3）铜管材质要有良好的延展性（忌用劣质铜管），铜管应预先退火。

4）铜管端口应平整、光滑。

5）喇叭口大小应适宜，太大则不便于安装，太小则易造成泄漏。

6）铜管壁厚不宜超过1mm。

1.1.5 弯管器

弯管器（图1-5）是专门弯曲铜管、铝管的工具，弯曲半径不应小于管径的5倍。弯好的管子，其弯曲部位不应有凹瘪现象。

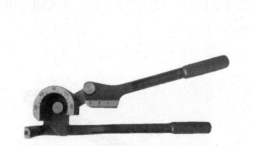

图1-5 弯管器结构示意图

图1-6 弯管实训

弯管器通过改变导轮及导槽的大小，可对不同管径的铜管进行加工。弯管器与铜管相对应，也有米制和寸制之分，其常用规格有米制6mm、8mm、10mm、12mm、16mm、19mm；寸制1/4in[⊖]、3/8in、1/2in、5/8in、3/4in。

以用弯管器弯制直径为8mm的铜管为例，其使用方法如下：

⊖ 1in = 2.54cm。

1）用割管器截取长度为 60cm、直径为 8mm 的铜管一根。

2）倒角去除铜管端部毛刺和收口。

3）将 ϕ8mm 铜管套入弯管器内，搭扣住管子，然后慢慢旋转手柄，使管子逐渐弯曲到规定角度，如图 1-6 所示。

4）将弯制好的铜管退出弯管器。

另取不同规格的铜管进行不同角度的弯管练习，直至熟练为止。

1.2　常用工具

1.2.1　长柄十字螺钉旋具

长柄十字螺钉旋具，如图 1-7 所示，它是用来拧紧或拧松带有槽口的螺栓或螺钉的手工工具。

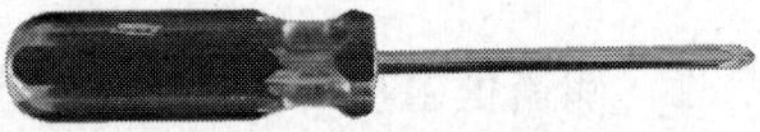

1.2.2　内六角扳手

内六角扳手用于装拆内六角圆柱头螺钉，如图 1-8 所示。

图 1-7　长柄十字螺钉旋具

内六角扳手使用注意事项如下：

1）根据需求选择合适尺寸的内六角扳手，否则容易损坏扳手或螺钉。

2）使用时不能超过扳手的最大扭力范围，以免损坏扳手。

3）不可用于敲击物体。

1.2.3　活扳手

活扳手常用于旋紧或旋松有角螺钉及螺母。如图 1-9 所示，活扳手由手柄、头部固定钳口、头部活动钳口和调节蜗杆四部分组成。

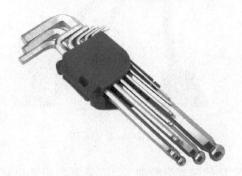

图 1-8　内六角扳手

图 1-9　活扳手

使用活扳手时，右手握住扳手头部，大拇指和食指拧动调节蜗杆，调整活动钳口的大小，使钳口尺寸和被旋动的螺钉或螺母的尺寸吻合。然后用调好的钳口夹持住螺钉或螺母，握紧扳手手柄，同时用力使扳手旋转即可。一般顺时针方向旋转为拧紧螺钉或螺母，逆时针方向旋转为拧松螺钉或螺母。

除活扳手外，还有几种常用扳手，其用途如下：

1）呆扳手：一端或两端制有固定尺寸的开口，用于拧转一定尺寸的螺母或螺栓。

2）梅花扳手：两端具有带七角孔或十二角孔的工作端，适用于工作空间狭小，不能使用普通扳手的场合。

3）两用扳手：一端与单头呆扳手相同，另一端与梅花扳手相同，两端拧转相同规格的螺栓或螺母。

4）钩形扳手：又称月牙形扳手，用于拧转厚度受限的扁螺母等。

5）套筒扳手：由多个带七角孔或十二角孔的套筒与手柄、接杆等多种附件组成，特别适用于拧转空间十分狭小或凹陷于深处的螺栓或螺母。

6）扭力扳手：拧转螺栓或螺母时，扭力扳手上能显示出所施加的扭矩；或者当施加的扭矩到达规定值后，会发光或发出声响信号。扭力扳手适用于对扭矩大小有明确规定的装配工作。

1.2.4　卷尺

卷尺是用来测量长度的工具，按照量程不同可以分为 3m 卷尺（图 1-10）和 5m 卷尺等。由于卷尺的测量结果只能精确到毫米（mm），所以只能用于对精度要求不高的场合。

使用卷尺时，应以左端的零线为测量基准，以便于读数。测量时，卷尺要放正，不得前后左右歪斜。否则，从卷尺上读出的数据会比被测物体的实际尺寸大。

用卷尺测量圆截面直径时，被测截面应平滑，使卷尺的左端与被测面的边缘相切，摆动卷尺找出最大尺寸，即为所测圆截面直径。

图 1-10　3m 卷尺

1.3　仪器与仪表

1.3.1　真空泵

真空泵是利用机械、物理、化学、物理化学等方法对容器进行抽气，以获得和维持真空的装置。真空泵和其他设备（如真空容器、真空阀、真空测量仪表、连接管路等）组成真空系统，广泛应用于电子、冶金、制冷、化工、食品、机械、医药、航天等部门。常用的真空泵为旋片式结构，如图 1-11 所示。

镶有两块滑动片的转子以偏心的形式装在定子腔内，将进气口、排气口分隔开。在弹簧的作用下，旋片与定子腔壁紧密接触，从而把定子腔室分割成两部分。偏心转子在电动机的拖动下带动旋片在定子腔内旋转，使进气口腔室的容积逐渐扩大，吸入气体；另一方面，对已吸入的气体进行压缩，由排气阀排出，从而达到抽取气体、获得真

图 1-11　单级油循环旋片式真空泵

空的目的。

1. 真空泵的使用方法

1）用软管连接真空泵和双表修理阀，双表修理阀中间管接头（一般用黄色软管）连接真空泵或氟瓶，低压表侧管接头（一般用蓝色软管）连接制冷系统低压接口，高压表侧管接头（一般用红色软管）连接制冷系统高压接口。

2）打开真空泵排气帽。

3）接通真空泵电源，打开真空泵电源开关。

4）缓慢地打开双表修理阀旋钮，即可对系统进行抽真空。

5）观察压力表指针位置变化是否正常。

6）抽真空 25min 后记录低压表的真空值。

7）关闭双表修理阀旋钮，然后关闭真空泵电源开关。

2. 真空泵使用注意事项

1）仔细检查各部位紧固件是否松动，若有松动则必须拧紧。

2）检查油位，当发现油位不足时，应立即补充，保持油位在油标的 1/2～2/3。

3）开机前水箱内应灌满水，严禁脱水空转。

4）做好室外真空泵电动机的防雨工作，防止因电动机受潮而造成事故。

5）起动后，观察是否有漏液现象，并注意是否有异常声响，且密切关注电动机的发热情况等，发现问题及时报修处理。

6）循环水池温度不宜过高，当温度过高或溶剂气味重时，应及时更换或补充水。

7）停机前必须先打开放空阀，放气至与大气压平衡，然后停机，以防因真空过高而倒冲损坏和冲开止回阀盖。

8）长期不使用时应排出水箱内的积水，彻底清除水箱内积存的泥浆及其他固体物，拆开真空泵进口法兰，排出泵内的积水并将外箱清洗干净。

1.3.2 压力表

真空压力表（图 1-12）是一种既可以测量压力，又可以测量真空度的压力测量仪表，用于测量机器、设备或容器内的中性气体和液体的压力或负压（真空度）。

真空压力表广泛用于在气体输送、管道液体及密闭容器中测量无腐蚀性、无爆炸危险、无结晶体、不凝固体的各种液体、气体、蒸汽等介质的压力大小，具有结构简单、性价比高、指示直观、性能可靠等优点。

真空压力表不仅可以测量压力，还可以显示制冷系统是否处于真空状态。同时可以显示指定制冷剂饱和压力和饱和温度的对应关系。

真空压力表使用注意事项如下：

1）读数时，应垂直观察压力表。

2）测量液体压力时应加缓冲管。

3）测量值不能超过压力表测量上限的 2/3，测量波动压力时不得超过测量上限的 1/2。

图 1-12 真空压力表

1.3.3　阀门

1. 直通阀

直通阀（图 1-13）又称二通截阀，它是最简单的维修阀，常在抽真空充注氟利昂时使用。直通阀有三个连接口：与阀门开关平行的连接口多与设备的维修管相接；与阀门开关垂直的两个连接口，一个常固定装上真空压力表，另一个在抽真空时接真空泵的抽气口，在充注制冷剂时连接钢瓶。直通阀的结构简单，但使用不太方便。

图 1-13　直通阀

2. 专用组合阀

由于直通阀在使用中受到限制，故维修中应用较多是专用组合阀。这种阀门上装有两块压力表，一块是高压压力表，一块是低压压力表；两个手动阀门，一个用来控制高压表与公共接口的开关，另一个用来控制低压表与公共接口的开关。专用组合阀的用途如下：

1）抽真空：将低压表下端的接头连接设备的低压侧，高压表下端的接头连接设备的高压侧，将公共接口连接到真空泵的抽气口。

2）低压侧充注氟利昂：公共端连接氟利昂的钢瓶，低压接口连接设备的低压侧（气态充注），用高压接口排出公共接口软管内的空气。

3）高压侧充注氟利昂：公共端连接氟利昂的钢瓶，高压接口连接设备的高压侧（液态充注），用低压接口排出公共接口软管内的空气。

4）加冷冻油：将设备内部抽至负压，把公共端的软管放入冷冻油内（装冷冻油的容器应高于设备），打开低压阀，利用大气的压力将冷冻油抽入设备内。

5）利用高、低表的压力来判断设备冷凝器的散热情况、蒸发器的温度，以及设备内部的制冷剂是否过多或过少。

1.3.4　双表修理阀

双表修理阀简称双表阀，它由压力表、表阀（含视窗）两部分组成，如图 1-14 所示。压力表有两块：一块带负压的低压表，一块高压表，压力单位为 MPa。低压表一般用于抽真空和检测系统低压侧压力，高压表通常用于测量高压侧压力。双表修理阀连接软管主要用于修理表阀与制冷系统和真空泵等设备的连接。在使用过程中，可根据具体情况，选用耐压能力不同的连接软管，常用连接软管的最高耐压为 3.5MPa。连接软管的接头为寸制 1/4in 管螺纹或米制 M12×1.25 管螺纹。

双表修理阀使用注意事项如下：

1）连接软管与真空泵和制冷系统的连接依靠橡胶圈密封，连接时不能用力过大，以免损坏橡胶圈而影响系统的密封性。

图 1-14　双表修理阀

2）高压表阀和低压表阀可以单独使用。

3）使用时应轻拿轻放，以免影响双表修理阀的精度和使用寿命。

4）测量压力时不能超过双表修理阀的测量范围，否则可能损坏压力表。

1.3.5　米制/寸制加液管

米制/寸制加液管如图 1-15 所示，螺纹接口有寸制 1/4in、米制 M12×1.25 管螺纹两种形式。双表修理阀与软管总成如图 1-16 所示。

图 1-15　米制/寸制加液管

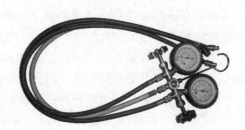

图 1-16　双表修理阀与软管总成

1.3.6　米制/寸制转接头

双表修理阀米制/寸制转接头如图 1-17 所示，它有寸制 1/4in、米制 M12×1.25 管螺纹两种形式。

1.3.7　顶针式开关阀

从制冷系统中收回制冷剂时，经常要使用专用的阀门，这种阀门称为顶针式开关阀，如图 1-18 所示。

图 1-17　米制/寸制转接头

图 1-18　顶针阀

顶针式开关阀的使用方法如下：

1）卸下连接上、下瓣的紧固螺钉，扣合在将要接阀的管道上，然后拧紧紧固螺钉。

2）打开顶针式开关阀的阀帽，装上专用检修阀，使检修阀的阀杆刀口插在开关阀上部的槽口内，然后将检修阀的阀帽拧紧。

3）顺时针方向旋转检修阀阀柄，开关阀的阀顶（顶针）随即也被旋进管道内，使管道的管壁顶压出一个锥形圆孔。

4）逆时针方向旋转检修阀，开关阀的阀顶也退出管壁圆孔，制冷剂也随即喷出，沿着检修阀的接口流入制冷剂容器中。

5）现场维修时使用这种阀门十分方便，并且可以用在制冷系统的抽真空、充注制冷剂等工序中省掉焊接操作。需要注意的是：操作完毕后，顺时针方向旋转检修阀，使开关阀的顶尖关闭所开直圆孔，然后卸下检修阀，拧紧开关阀阀帽，整个顶针式开关阀便永久地保留在了系统管道中。

1.3.8　温度计

温度计是测温仪器的总称，用它可以准确地判断和测量温度，温度计利用固体、液体、气体受温度影响而热胀冷缩等现象作为设计依据。温度计分为煤油温度计、酒精温度计、水银温度计、气体温度计、电子温度计等。温度单位有热力学温度（℃）、摄氏温度（K）。图 1-19 所示为水银温度计，图 1-20 所示为红外测温仪。

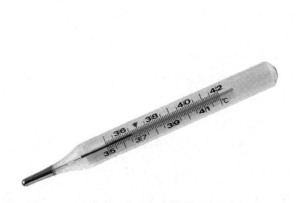

图 1-19　水银温度计

图 1-20　红外测温仪

1.3.9　卤素检漏灯

卤素检漏灯主要由喷嘴、扩压管、灯芯筒、酒精杯、调节阀、火焰圈、吸气软管及其他辅助件组成，主要用于制冷系统检漏。

卤素检漏灯是电冰箱修理中最常用的检漏工具，它用酒精、乙炔和丙烷做燃料。其检漏原理是：当混有 5%～10% 的氟利昂气体与炽热的铜接触时，氟利昂分解为氟、氯元素并和铜发生化学反应，成为卤素铜的化合物，使火焰的颜色发生变化，从而可检查出氟利昂是否泄漏。

卤素灯的使用方法如下：

1）先将底盖旋下，加入浓度为 99% 的清洁酒精后旋紧底盖，把灯竖直地放在平地上。

2）向黄铜酒精杯内倒入 5mL 左右的酒精并点燃，加热灯体和喷嘴，热量由灯体传给灯芯筒，使灯芯筒内的酒精温度升高，使其压力也升高。

3）待杯内酒精快要烧光时，微开调节阀，酒精蒸气从喷嘴喷出并连续燃烧。喷嘴的喉部有一个旁通孔，此孔与吹气软管相通，由于喷嘴中气流的高速喷射在扩散管内产生负压，使旁通孔只有一定的吸气能力。吹气量的大小可通过吸气管口的气流声音大小来判断，并根据需要调整调节阀的开启度。

4) 检漏时，将软管口伸向要检漏的制冷系统接头、焊接处，若有泄漏的氟利昂蒸气被吸入，经燃烧后火焰就发出绿色或蓝色亮光，从火焰颜色的深浅来判断氟利昂的泄漏程度。

1.3.10 电子卤素检漏仪

BW5750A 电子卤素检漏仪由传感器、保护罩电源开关、软管、仪器壳体等组成，其外观如图 1-21 所示。

电子卤素检漏仪的操作步骤如下：

1) 将电池装入电子检漏仪，打开电源开关，此时电源指示灯亮，同时听到电子检漏仪发出缓慢的"嘟、嘟"声，表示电子检漏仪处于正常工作状态。如果打开电源后仪器啸叫，则按一下复位开关便可恢复正常。

2) 将电子检漏仪的探头沿系统连接管道慢慢移动进行检漏，移动速度不大于 25~50mm/s，并且探头与被检测表面间的距离不大于 5mm。

3) 如电子检漏仪发出"嘟——"的长鸣声，则说明该处存在泄漏。为保证准确无误地确定漏点，应及时移开探头，待电子检漏仪恢复正常后，在发现漏点处重复检测 2~3 次。

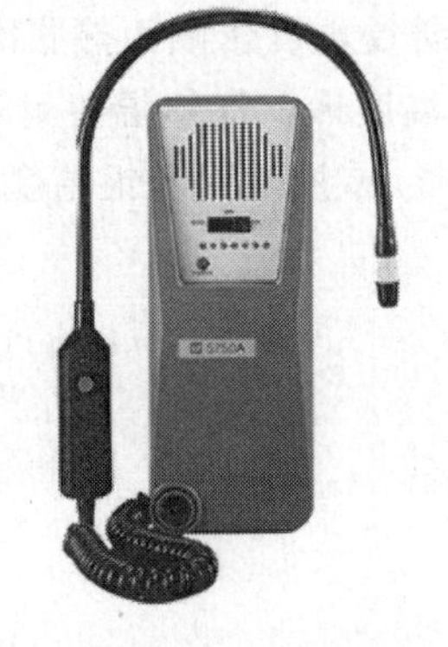

图 1-21 电子卤素检漏仪

4) 在找到一个漏点后，一定要继续检查剩余管路。

1.4 常用制冷剂与冷冻油

制冷剂又称制冷工质，是制冷循环的工作介质，利用制冷剂的相变来传递热量，即制冷剂在蒸发器中汽化时吸热，在冷凝器中凝结时放热。当前能用做制冷剂的物质有 80 多种，最常用的是氨、氟利昂类、水和少数碳氢化合物等。

1.4.1 制冷剂的热力学要求

1) 在大气压力下，制冷剂的蒸发温度（沸点）要低，这是一个很重要的性能指标。蒸发温度低，则不仅可以制取较低的温度，还可以在一定的蒸发温度下，使其蒸发压力高于大气压力，以避免空气进入制冷系统，且发生泄漏时较容易发现。

2) 制冷剂在常温下的冷凝压力应尽量低些，以免对在高压下工作的压缩机、冷凝器及排气管道等设备的强度要求过高。另外，冷凝压力过高还会导致制冷剂向外渗漏和引起消耗功的增大。

3) 对于大型活塞式压缩机来说，制冷剂的单位容积制冷量要求尽可能大，这样可以缩小压缩机尺寸和减少制冷工质的循环量；而对于小型或微型压缩机，单位容积制冷量可小一些；对于小型离心式压缩机，也要求制冷剂单位容积制冷量要小，以扩大离心式压缩机的使用范围，并避免小尺寸叶轮制造的困难。

4）制冷剂的临界温度要高些、凝固温度要低些。临界温度的高低决定了制冷剂在常温或普通低温范围内能否液化。凝固温度是制冷剂使用范围的下限，凝固温度越低，制冷剂的适用范围越大。

1.4.2　制冷剂的物理化学要求

1）制冷剂的黏度应尽可能小，以减少管道流动阻力，提高换热设备的传热强度。

2）制冷剂的导热系数应当高，以提高换热设备的效率，减少传热面积。

3）制冷剂与油的互溶性质：制冷剂溶解于润滑油的性质应从两个方面来分析。如果制冷剂与润滑油能任意互溶，则其优点是润滑油能与制冷剂一起渗到压缩机的各个部件，为机体润滑创造良好条件，且在蒸发器和冷凝器的换热面上不易形成油膜阻碍传热。其缺点是从压缩机带出的油量过多，并且能使蒸发器中的蒸发温度升高。部分或微溶于油的制冷剂，其优点是从压缩机带出的油量少，故蒸发器中的蒸发温度较稳定；其缺点是在蒸发器和冷凝器换热面上形成了很难清除的油膜，影响了传热效果。

4）应具有一定的吸水性，这样就不致在制冷系统中形成"冰塞"而影响其正常运行。

5）应具有化学稳定性：不燃烧、不爆炸，使用过程中不分解、不变质；同时，制冷剂本身或与油、水等相混时，对金属不应有明显的腐蚀作用，对密封材料的溶胀作用应小。

6）安全性要求：由于制冷剂在运行中可能泄漏，故要求工质对人身健康无损害、无毒性、无刺激作用。

1.4.3　制冷剂的种类

1. 按化学成分分类

在压缩式制冷剂中，广泛使用的制冷剂是氨、氟利昂和烃类。按照化学成分，制冷剂可分为五类：无机化合物制冷剂、氟利昂、饱和碳氢化合物制冷剂、不饱和碳氢化合物制冷剂和共沸混合物制冷剂。

（1）无机化合物制冷剂　这类制冷剂使用得比较早，如氨（NH_3）、水（H_2O）、空气、二氧化碳（CO_2）和二氧化硫（SO_2）等。对于无机化合物制冷剂，国际上规定的代号为 R 加三位数字，其中第一位数字为"7"，后两位数字为分子量，如水为 R718 等。

（2）氟利昂（卤碳化合物制冷剂）　氟利昂是饱和碳氢化合物中全部或部分氯元素（Cl）、氟（F）和溴（Br）代替后衍生物的总称。国际上规定用"R"加数字作为这类制冷剂的代号，如 R22 等。

（3）饱和碳氢化合物制冷剂　这类制冷剂主要有甲烷、乙烷、丙烷、丁烷和环状有机化合物等。其代号与氟利昂一样采用"R"加数字表示，如 R50、R170、R290 等。这类制冷剂易燃易爆，安全性很差。

（4）不饱和碳氢化合物制冷剂　这类制冷剂主要是乙烯（C_2H_4）、丙烯（C_3H_6）和它们的卤族元素衍生物，其代号中"R"后的数字多为"1"，如 R113、R115 等。

（5）共沸混合物制冷剂　这类制冷剂是由两种以上的不同制冷剂以一定比例混合而成的共沸混合物，其在一定压力下能保持一定的蒸发温度，它的气相或液相始终保持组成比例不变，但它们的热力性质却不同于混合前的物质，因此，利用共沸混合物可以改善制冷剂的特性。共沸混合物制冷剂的代号有 R500、R502 等。

2. 按冷凝压力分类

根据冷凝压力不同，制冷剂可分为三类：高温（低压）制冷剂、中温（中压）制冷剂和低温（高压）制冷剂。

3. 按溶解性分类

（1）难溶　这包括 NH_3、CO_2、R13、R14、R15、SO_2。

（2）微溶　这包括 R22、R114、R152、R502。这类制冷剂在压缩机曲轴箱和冷凝器内相互溶解，在蒸发器内分解，其溶解时会降低润滑油的黏度。

（3）完全溶解　这包括 R11、R12、R21、R113、烃类、CH_3Cl、R500。

其溶解时降低润滑油的黏度和凝固点，并使油中的石蜡下沉，蒸发温度将升高。

1.4.4　常用制冷剂

1. 氨（R717）

氨（R717、NH_3）是中温制冷剂中的一种，其蒸发温度为 -33.4℃，使用温度范围是 -70~5℃，当冷却水温度达到 30℃ 时，冷凝器中的工作压力一般不超过 1.5MPa。氨的临界温度较高（132℃）；其汽化潜热大，在大气压力下为 1164kJ/kg，单位容积制冷量也大，故氨压缩机的尺寸可以较小。

纯氨对润滑油无不良影响，但含有水分时会降低冷冻油的润滑作用。纯氨对钢铁无腐蚀作用，但氨中含有水分时将腐蚀铜和铜合金（磷青铜除外），故氨制冷系统中的管道及阀件均不采用铜和铜合金制造。

氨的蒸气无色，有强烈的刺激性臭味。氨对人体有较大的毒性，氨液飞溅到皮肤上时会引起冻伤。当空气中氨蒸气的容积达到 0.5%~0.6% 时可引起爆炸，故机房内空气中氨的浓度不得超过 0.02mg/L。

氨在常温下不易燃烧，但加热至 350℃ 时则分解为氮和氢气，氢气与空气中的氧气混合后会发生爆炸。

2. 氟利昂

氟利昂是一种透明、无味、无毒、不易燃烧、化学性质稳定的制冷剂。不同化学成分和结构的氟利昂制冷剂，其热力学性质相差很大，可适用于高温、中温和低温制冷机，以适应不同制冷温度的要求。

氟利昂对水的溶解度小，制冷装置中进入水分后会产生酸性物质，并容易造成低温系统的"冰堵"，堵塞节流阀或管道。另外，为避免氟利昂与天然橡胶发生作用，其装置应采用丁腈橡胶做垫片或密封圈。

（1）常用氟利昂　常用的氟利昂制冷剂有 R12、R22、R502 及 R1341a，由于其他型号的制冷剂现在已经停用或禁用，故在此不做说明。

1）氟利昂 12（CF_2Cl_2，R12）。氟利昂 12 是氟利昂制冷剂中应用较多的一种，主要在中、小型食品库、家用电冰箱以及水、路冷藏运输等制冷装置中被广泛采用。R12 具有较好的热力学性能，其冷藏压力较低，采用风冷或自然冷凝时，压力为 0.8~1.2kPa。R12 的标准蒸发温度为 -29℃，属于中温制冷剂，用于中、小型活塞式压缩机可获得 -70℃ 的低温，用于大型离心式压缩机则可获得 -80℃ 的低温。

2）氟利昂 22（CHF_2Cl，R22）。氟利昂 22 也是氟利昂制冷剂中应用较多的一种，主要在家用空调和低温冰箱中使用。R22 的热力学性能与氨相近，其标准汽化温度为 -40.8℃，冷凝压力通常不超过 1.6MPa。R22 不燃、不爆，使用中比氨安全可靠。R22 的单位容积比 R12 约高 60%，其在低温时的单位容积制冷量和饱和压力均高于 R12 和氨。

3）氟利昂 502（R502）。R502 是由 R12、R22 以 51.2% 和 48.8% 的百分比混合而成的共沸溶液。R502 与 R115、R22 相比具有更好的热力学性能，更适用于低温。R502 的标准蒸发温度为 -45.6℃，正常工作压力与 R22 相近。在相同的工况下，其单位容积制冷量比 R22 大，但排气温度却比 R22 低。R502 用于全封闭、半封闭或某些中、小制冷装置，其蒸发温度可低达 -55℃。R502 在冷藏柜中使用较多。

4）氟利昂 134a（$C_2H_2F_4$，R134a）。R134a 是一种较新型的制冷剂，其蒸发温度为 -26.5℃。它的主要热力学性质与 R12 相似，不会破坏空气中的臭氧层，是近年来提倡的环保冷媒，但会造成温室效应，是比较理想的 R12 替代制冷剂。近年来，电冰箱、大型空调冷水机组的冷媒大都使用 R134a。

（2）氟利昂与水的关系　氟利昂和水几乎完全相互不溶解，对水分的溶解度极小。从低温侧进入装置的水分呈水蒸气状态，它和氟利昂蒸气一起被压缩而进入冷凝器，再冷凝成液态水，水以液滴状混于氟利昂液体中，在膨胀阀处因低温而冻结成冰，堵塞阀门，使制冷装置不能正常工作。水分还能使氟利昂发生水解而产生酸，使制冷系统内产生"镀铜"现象。

（3）氟利昂与润滑油的关系　氟利昂一般是易溶于冷冻油的，但在高温时，氟利昂就会从冷冻油内分解出来。所以在大型冷水机组中的油箱里都有加热器，通过保持在一定的温度来防止氟利昂的溶解。

各种制冷剂的用途与使用温度范围见表 1-1。

表 1-1　各种制冷剂的用途和使用温度范围

制冷剂	使用温度范围	压缩机类型	用途	备注
R717	中、低温	活塞式、离心式	冷藏、制冰	用于普通制冷领域
R11	高温	离心式	空调	
R12	高、中、低温	活塞式、回转式、离心式	冷藏、空调	高温：0～10℃
R13	超低温	活塞式、回转式	超低温	
R22	高、中、低温	活塞式、回转式、离心式	空调、冷藏、低温	中温：-20～0℃
R114	高温	活塞式	特殊空调	低温：-60～-20℃
R500	高、中温	活塞式、回转式、离心式	空调、冷藏	超低温：-120～-60℃
R502	高、中、低温	活塞式、回转式	空调、冷藏、低温	

【知识拓展】

1987 年 9 月在加拿大的蒙特利尔召开了专门性的国际会议，并签署了《关于消耗臭氧层的蒙特利尔协议书》，此协议书于 1989 年 1 月 1 日起生效，其对氟利昂中 R11、R12、R113、R114、R115、R502 及 R22 等的生产进行了限制。1990 年 6 月在伦敦召开了该协议书缔约国的第二次会议，增加了对全部 CFC 类、四氯化碳（CCl_4）和甲基氯仿（$C_2H_3Cl_3$）

生产的限制，要求缔约国中的发达国家在 2000 年完全停止生产以上物质，发展中国家可推迟到 2010 年；另外，对过渡性物质 HCFC 提出了 2020 年后的控制日程表。HCFC 中的 R123 和 R134a 是 R12 和 R22 的替代品。

1.4.5 冷冻油

在压缩机中，冷冻油主要起润滑、密封、降温及能量调节四个作用。

1）润滑：冷冻油在压缩机运转中起润滑作用，以减少压缩机的运行摩擦和磨损程度，从而延长压缩机的使用寿命。

2）密封：冷冻油在压缩机中起密封作用，使压缩机内的活塞与气缸面之间、各转动的轴承之间达到密封效果，以防止制冷剂泄漏。

3）降温：冷冻油在压缩机各运动部件间进行润滑时，可带走工作过程中所产生的热量，使各运动部件保持较低的温度，从而提高压缩机的效率和使用的可靠性。

4）能量调节：对于带有能量调节机构的制冷压缩机，可利用冷冻油的油压作为能量调节机械的动力。

1.4.6 制冷设备对冷冻油的要求

由于使用场合和制冷剂的不同，制冷设备对冷冻油的选择也不一样。制冷设备对冷冻油的要求有以下几方面。

（1）凝固点　冷冻油在试验条件下冷却到停止流动的温度称为凝固点。制冷设备所用冷冻油的凝固点越低越好（如对于使用 R22 的压缩机，冷冻油的凝固点应在 -55℃ 以下），否则会影响制冷剂的流动，增加流动阻力，从而导致传热效果差。

（2）黏度　黏度是油料特性中的一个重要参数，使用不同制冷剂时，要相应选择不同黏度的冷冻油。若冷冻油的黏度过大，则会使机械摩擦功率、摩擦热量和起动力矩增大；反之，若黏度过小，则会使运动件之间不能形成所需的油膜，从而无法达到应有的润滑和冷却效果。

（3）浊点　冷冻油的浊点是指当温度降低到某一数值时，冷冻油中开始析出石蜡，使润滑油变得混浊时的温度。制冷设备所用冷冻油的浊点应低于制冷剂的蒸发温度，否则会引起节流阀堵塞或影响传热性能。

（4）闪点　冷冻油的闪点是指润滑油加热到其蒸汽与火焰接触时，发生打火的最低温度。制冷设备所用冷冻油的闪点必须比排气温度高 15～30℃ 以上，以免引起润滑油的燃烧和结焦。

对冷冻油的其他要求包括化学稳定性和抗氧性、水分和机械杂质含量以及绝缘性能等。

1.4.7 冷冻油温度与压力

冷冻油油温一般要保持在 45～60℃，最高不宜超过 70℃，而且温度要稳定，如果油温一直不稳定且缓慢上升，则说明系统有故障。油温过低或过高都会使润滑恶化，同时还预示故障的到来。

冷冻油压力主要是指油压差值，由于种种原因引起油泵不上油，即建立不起油压差。油压大小依据压缩机的结构而定，立式压缩机的外齿轮油压差为 0.5～1.5MPa，新系列压缩机的油压差为 0.5~1.5MPa。新购置的压缩机在运转、调试中采用的油压差往往偏高，以便加大润滑油量，较好地完成气缸等运动部件的磨合，从而延长机器的使用寿命。

1.5　技能训练——制作工艺管

1.5.1　准备工作

实训设备：割管刀、偏心扩口器、倒角器、弯管器。
实训耗材：直径为 6mm 和 3/8in 的铜管。

1.5.2　项目任务书

【任务描述】

制冷专用工具是电冰箱、空调器等制冷设备组装与维修工作中不可缺少的工具。没有合适的工具，就不可能顺利地完成制冷管道的加工。因此，了解并正确使用制冷专用工具是保证制冷设备制造和维修工作顺利完成的关键。

通过本任务的训练，掌握制冷专用工具的使用方法，学会独立拆装实训装置。

【任务说明】

1. 工艺管的制作

1）将直径为 6mm 和 3/8in 的铜管分别截取 1000mm，以 100mm 为长度单位切割成十段，并对每段铜管的两端做倒角处理，然后将其存放在装任务书的档案袋中。

2）取上述切割好的 6mm 和 3/8in 铜管各三根，选取专用工具，将其中一端制作成杯形口，并存放在装任务书的档案袋中。

3）取上述切割好的 6mm 和 3/8in 铜管各三根，选取专用工具，将其中一端制作成喇叭口，并存放在装任务书的档案袋中。

4）将直径为 3/8in 的铜管截取 500mm，以中点为中心位置折弯成 180°，如图 1-22 所示，并将其存放在装任务书的档案袋中。

5）将直径为 6mm 的铜管截取 800mm，将其弯成蛇形，如图 1-23 所示，并存放在装任务书的档案袋中。

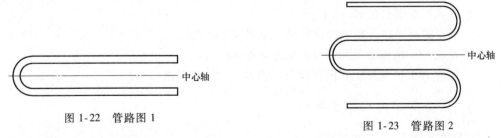

图 1-22　管路图 1　　　　　　　　　　图 1-23　管路图 2

2. 识读弯管图

1）识读图 1-24~图 1-26 中的三视图，根据尺寸按要求弯管。

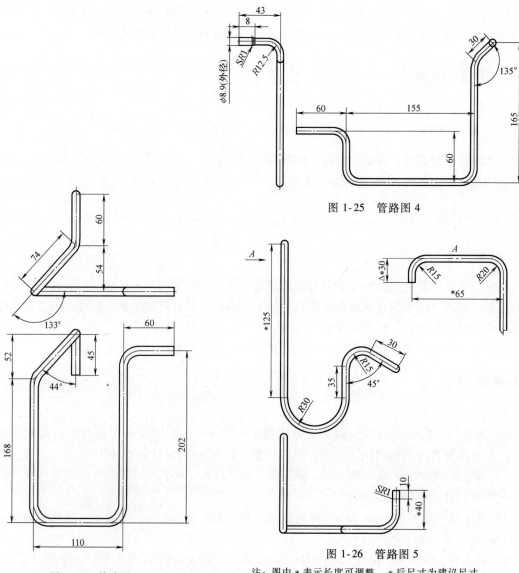

图 1-25　管路图 4

图 1-24　管路图 3

图 1-26　管路图 5

注：图中 * 表示长度可调整，* 后尺寸为建议尺寸。

2）管路制作完成后，将每个管口做成喇叭口。

3. 工艺要求

1）截取长度误差在±2mm 以内。

2）制作的杯形口、喇叭口无变形、无裂纹、无锐边。

3）弯成 180°的铜管的两端长度偏差在 5mm 以内。

4）弯成 180°的蛇形铜管的两端长度偏差在 10mm 以内。

1.5.3　任务实施过程和步骤

1. 割管（图 1-27、图 1-28）

2. 倒角（图 1-29）

3. 弯管（图 1-30）

4. 扩喇叭口（图 1-31、图 1-32）

图 1-33~图 1-35 所示为管路实物图。

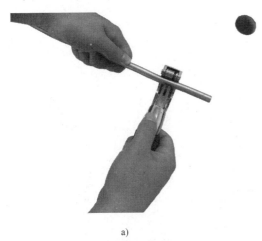

a)   b)

图 1-27 割管的方法

图 1-28 去毛刺

图 1-29 倒角

图 1-30 弯管

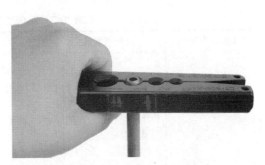

图 1-31 用夹具夹住铜管

图 1- 32　扩喇叭口

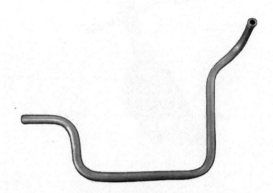

图 1- 33　管路实物图 1

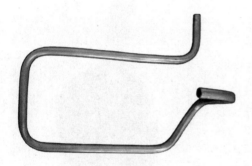

图 1- 34　管路实物图 2

图 1- 35　管路实物图 3

1.5.4　任务考核

制作工艺管任务考核评价见表 1-2。

表 1-2　制作工艺管任务考核评价

评分内容及配比	评分要素	配分	评分标准	得分
专用工具的使用（10%）	用切管器、倒角器截取铜管，并在两端倒角	2分	截取的铜管长度为（100±2）mm，倒角符合要求且管内无碎屑得2分 有铜管长度超出（100±2）mm扣1分（测量未做喇叭口、杯形口的剩余铜管） 有铜管内留有碎屑扣1分 损坏制作工具不得分	

（续）

评分内容及配比	评分要素	配分	评分标准	得分
专用工具的使用（10%）	用胀管扩口器制作杯形口	2分	每个杯形口无变形、无裂纹、无褶皱，且与同管壁外径配合良好得2分 杯形口有变形、裂纹或褶皱扣1分 与同管壁外径配合不好扣1分 损坏制作工具不得分	
	用胀管扩口器制作喇叭口	2分	每个喇叭口都圆整、无裂纹、无锐边得2分 喇叭口不圆整且有毛刺扣1分 喇叭口有裂纹扣1分 损坏制作工具不得分	
	用弯管器弯制铜管	2分	弯成180°的铜管不变形、无裂纹，且与大赛提供图样相符得2分 两端长度偏差超出5~8mm扣1分 损坏制作工具不得分	
	弯成蛇形状铜管	2分	弯成蛇形的铜管不变形、无裂纹，且与大赛提供图样相符得2分 两端长度偏差超出10~15mm扣1分 损坏制作工具不得分	

1.5.5　项目拓展　制冷管路的螺纹连接

按照管路施工图制作压缩机排气管与回气管，通过排气管与回气管将压缩机与四通阀连接起来。

【任务描述】

在电冰箱、空调器制冷系统的安装和修理中，特别是分体空调器室内、外管路的连接中，常需要完成管接头的连接（螺纹连接的一种）。所谓制冷管路螺纹接头的连接，实际上就是利用喇叭口接头和螺母将两个管路连接到一起，这是管路连接中极其重要的连接工艺。

【任务说明】

1. 接管工具

在制冷系统管路安装与修理中，经常用到的接管工具有活扳手和呆扳手。

（1）活扳手　活扳手是用来拧紧或拆卸六角螺钉、螺栓的专用工具，它可以通过调节蜗轮，对一定尺寸范围内的六角螺钉（螺母或螺栓）进行松紧的调节。

活扳手主要由呆扳唇、扳口、活扳唇、蜗轮、轴销和手柄等组成，如图1-36所示。

（2）呆扳手　呆扳手是用来拧紧或拆卸一定规格的六角螺母、螺栓的专用工具，分单头和双头两种，如图1-37所示。呆扳手主要由扳口和手柄两部分组成。

2. 接管附件

安装制冷设备（空调器）时，经常用到的接管附件是管接头和接管螺母。接管方式有利用喇叭口—接头的连接、利用快速接头的连接和利用光管接头的连接等，而利用喇叭口—

图 1-36　活扳手

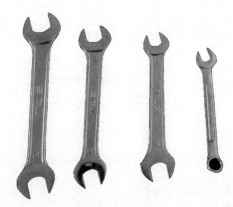

图 1-37　呆扳手

接头的连接是最常用的一种方式，被广泛地应用于电冰箱、空调器等制冷设备的安装和修理中。

1）单向螺纹管接头：如图 1-38 所示，它有米制和寸制之分。

2）接管螺母：如图 1-39 所示，它也有米制和寸制之分。

图 1-38　螺纹管接头

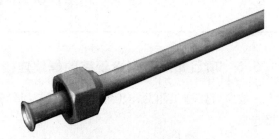

图 1-39　铜用接管螺母

3. 制冷管路螺纹连接步骤

（1）所需器具及数量　制冷管路中完成螺纹连接所需的工具及数量见表 1-3。

表 1-3　制冷管路中完成螺纹连接所需的工具与数量

序号	器具	数量（规格）
1	活扳手或呆扳手	2 把（根据教学要求提供相应规格的扳手）
2	管接头	1 只（根据教学要求提供相应规格的管接头）
3	铜管	若干（管口已做处理）

（2）工作任务要求

1）熟悉所用工具和管接头的结构。

2）通过完成管路（管口已做处理）的螺纹连接工作，掌握制冷管路螺纹连接的基本操作技能。

（3）基本操作步骤　铜管与铜管的螺纹连接有以下两种方法：

1）全接头连接。如图 1-40 所示，将铜管 1 和铜管 2 的连接部位扩制成喇叭口形状，通过中间的双头螺纹接头将铜管喇叭口分别与接头两端对牢贴紧，然后用两把扳手将接头（螺母）旋紧即可。

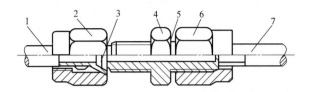

图 1-40　全接头连接

1—铜管 1　2—螺母　3—喇叭口　4—双头螺纹接头　5—连接处　6—螺母　7—铜管 2

2）半接头连接。如图 1-41 所示，在操作时，将铜管的连接部位扩制成喇叭口形状，并使铜管喇叭口与接头对牢贴紧，然后用两把扳手将接头（螺母）旋紧即可。

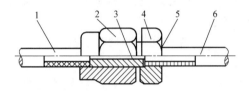

图 1-41　半接头连接

1—铜管 1　2—螺母　3—喇叭口　4—接头　5—连接处　6—铜管 2

课 后 习 题

一、填空题

1. 常用割管器切割范围为（　　　　　　）。

2. 常用割管器由（　　　　）、（　　　　）、（　　　　）和（　　　　）组成。

3. 由于所加工的铜管管壁较薄，因此调整手柄进给时，不能（　　　　），否则将导致内凹收口和铜管变形，从而影响切割质量。

4. 倒角器主要用于去除切割加工过程中所产生的（　　　），消除铜管收口现象。

5. 胀管扩口器是将小管径铜管（φ19mm 以下）端部扩胀形成（　　　）的专用工具。

6. 胀管扩口器由扩管（　　　）和扩管（　　　）组成，夹具有（　　　）和（　　　）两种，扩管顶锥分为（　　　）和（　　　）两种。

7. 偏心扩口器用于为铜管扩喇叭口，以便通过配管将分体式空调器室内、外机组连接起来，相对于（　　　　　　　　），偏心扩口器的使用更加（　　　　　　　　）。

8. 弯管器是专门弯曲铜管、铝管的工具，弯曲半径不应小于管径的（　　　）倍。弯好的管子，其弯曲部位不应有（　　　）。

9. 弯管器与铜管相对应，也有米制和寸制之分，其常用规格有米制（　　　　　　　　）；寸制（　　　　　　　　）。

10. 内六角扳手用于装拆（　　　）。

11. 真空泵是利用（　　　）、（　　　）、（　　　）、（　　　）等方法对容器进行抽气，以获得和维持真空的装置。

12. 真空泵和其他设备（　　　　　　　　）组成真空系统。

13. 用软管连接真空泵和双表修理阀，双表修理阀中间管接头（　　　　　　）连接（　　　　　　），低压表侧管接头（　　　　　　）连接（　　　　　　），高压表侧管接头（　　　　　　）连接（　　　　　　）。

14. 真空压力表是一种既可以测量（　　　　　），又可以测量（　　　　　）的压力测量仪表。

15. 真空压力表一般用于测量机器、设备或容器内的（　　　　）和（　　　　）的压力或负压。

16. 真空压力表使用注意事项：（　　　　　　　　　　）；（　　　　　　　　　　）；（　　　　　　　　　　）。

17. 直通阀有（　　　　　　）连接口：与阀门开关平行的连接口多与设备的维修管相接；与阀门开关垂直的两个连接口，一个（　　　　　　　　），另外一个在抽真空时接（　　　　　　　），在充注制冷剂时连接（　　　　　　　）。

18. 双表修理阀由（　　　　　　）两部分组成。

19. 常用连接软管的最高耐压为（　　　　）。连接软管的接头为寸制（　　　　）管螺纹或米制（　　　　）管螺纹。

20. 双表修理阀米制/寸制转接头有（　　　　　　　　　）管螺纹两种形式。

21. 从制冷系统中收回制冷剂时，经常要使用专用的阀门，这种阀门称为（　　　　　）。

22. 温度计是测温仪器的总称，可以准确地判断和测量温度，它利用（　　　　　　）的现象作为设计依据。

23. 卤素检漏灯主要由（　　　　　　　　　　　）及其他辅助件组成，主要用于制冷系统检漏。

24. BW5750A 电子卤素检漏仪由（　　　　　　　　　　）组成。

25. 当前能用做制冷剂的物质有 80 多种，最常用的是（　　　　　　　　）等。

26. 凝固温度是制冷剂使用范围的下限，凝固温度越（　　　　），制冷剂的适用范围越（　　　　）。

27. 如果制冷剂与润滑油能任意互溶，则其优点是（　　　　　　　　　　）。

28. 按照化学成分，制冷剂可分为五类：（　　　　　　　　　　　）。

29. 根据冷凝压力不同，制冷剂可分为三类：（　　　　）、（　　　　）和（　　　　）。

30. 氨（R717、NH₃）是中温制冷剂中的一种，其蒸发温度为（　　　　　），使用温度范围是（　　　　），当冷却水温度达到30℃时，冷凝器中的工作压力一般不超过（　　　　）。氨的临界温度较高（　　　　）。

31. 氟利昂是一种（　　　　　　　　）和（　　　　　　）的制冷剂。

32. 不同的（　　　　）的氟利昂制冷剂，其（　　　　）相差很大，可适用于高温、中温和低温制冷机，以适应不同制冷温度的要求。

33. R12 具有较好的（　　　　　），其（　　　　　　），采用风冷或自然冷凝时压力为（　　　　　）。R12 的标准蒸发温度为（　　　　），属于（　　　　）温制冷剂。

34. 在压缩机中，冷冻油主要起（　　　　）、（　　　　）、（　　　　）以及（　　　　）四个作用。

35. 油温一般要保持在（　　　　），最高不宜超过（　　　　），而且温度要稳定，如果油温一直不稳定且缓慢上升，则说明系统（　　　　）。

二、简答题

1. 简述倒角器的使用方法。
2. 简述偏心扩口器的使用方法。
3. 简述偏心扩口器的使用注意事项。
4. 简述双表修理阀的使用注意事项。
5. 简述制冷剂的热力学要求。
6. 简述氟利昂与水的关系。

课后习题答案

一、填空题

1. $\phi3\sim\phi45mm$　　2. 支架、导轮、刀片、手柄　　3. 用力过猛　　4. 毛刺　5. 喇叭口　6. 夹具，顶锥，米制，寸制，偏心扩管顶锥，正扩管顶锥　　7. 胀管扩口器，方便、省力　8.5，凹瘪现象　9.6mm、8mm、10mm、12mm、16mm、19mm，1/4in、3/8in、1/2in、5/8in、3/4in　10. 内六角圆柱头螺钉　　11. 机械、物理、化学、物理化学　12. 如真空容器、真空阀、真空测量仪表、连接管路等　13. 一般用黄色软管，真空泵或氟瓶，一般用蓝色软管，制冷系统低压接口，一般用红色软管，制冷系统高压接口　　14. 压力，真空度　15. 中性气体，液体　　16. 读数时应垂直观察压力表；测量液体压力时应加缓冲管；测量值不能超过压力表测量上限的 2/3，测量波动压力时不得超过 1/2　17. 三个，常固定装上真空压力表，（真空泵的抽气口），（钢瓶）　18. 压力表、表阀（含视窗）　19.3.5MPa，1/4in，M12×1.25　20. 寸制 1/4in、米制 M12×1.25　21. 顶针式开关阀　22. 固体、液体、气体受温度影响而热胀冷缩等　23. 喷嘴、扩压管、灯芯筒、酒精杯、调节阀、火焰圈、吸气软管　24. 传感器、保护罩电源开关、软管、仪器壳体等25. 氨、氟利昂类、水和少数碳氢化合物　26. 低，大　27. 润滑油能与制冷剂一起渗到压缩机的各个部件，为机体润滑创造良好条件，且在蒸发器和冷凝器的换热面上不易形成油膜阻碍传热 28. 无机化合物制冷剂、氟利昂、饱和碳氢化合物制冷剂、不饱和碳氢化合物制冷剂和共沸混合物制冷剂　29. 高温（低压）制冷剂，中温（中压）制冷剂，低温（高压）制冷剂　30. -33.4℃，-70～5℃，1.5MPa，132℃　31. 透明、无味、无毒、不易燃烧、不易爆炸，化学性质稳定　32. 化学成分和结构，热力学性质33. 热力学性能，冷藏压力较低，0.8～1.2kPa，-29℃，中　34. 润滑、密封、降温、能量调节　35.45～60℃，70℃，有故障

二、简答题

1. 1）用割管器截取铜管。
2）将倒角器一端的刮刀尖伸进管口的端部，左右旋转数次。
3）将铜管顶在倒角器另一端的刮刀上，左右旋转数次。

4）反复操作，直至去除毛刺和收口。

2. 1）将固定圆棒及把手送到最顶端。

2）将底座打开至需要的孔距。

3）插入铜管，使管口与底座间的距离为 1~2mm。

4）对准尺寸标示记号后旋紧侧面螺钉。

5）开始由顺时针方向旋转至自动弹开为止再转 2~3 圈。

6）操作完成后，将把手反方向转回到最顶端固定棒放松后，即可取出铜管。

3. 1）铜管与夹板的米制/寸制形式要对应。

2）侧面螺钉应对准孔位，锁紧夹具。

3）铜管材质要有良好延展性（忌用劣质铜管），铜管应预先退火。

4）铜管端口应平整、圆滑。

5）喇叭口大小应适宜，太大则不便于安装，太小则会造成泄漏。

6）铜管壁厚不宜超过 1mm。

4. 1）连接软管与真空泵和制冷系统的连接依靠橡胶圈密封，连接时不能用力过大，以免损坏橡胶圈而影响系统的密封性。

2）高压表阀和低压表阀可以单独使用。

3）使用时应轻拿轻放，以免影响双表修理阀的精度和使用寿命。

4）测量压力时不能超过双表修理阀的测量范围，否则可能损坏压力表。

5. 1）在大气压力下，制冷剂的蒸发温度（沸点）要低。

2）制冷剂在常温下的冷凝压力应尽量低些。

3）对于大型活塞式压缩机来说，制冷剂的单位容积制冷量要求尽可能大，这样可以缩小压缩机尺寸和减少制冷工质的循环量；而对于小型或微型压缩机，单位容积制冷量可小一些；对于小型离心式压缩机，也要求制冷剂单位容积制冷量要小，以扩大离心式压缩机的使用范围，并避免小尺寸叶轮制造的困难。

4）制冷剂的临界温度要高些、冷凝温度要低些。

6. 氟利昂和水几乎完全相互不溶解，对水分的溶解度极小。从低温侧进入装置的水分呈水蒸气状态，它和氟利昂蒸气一起被压缩而进入冷凝器，再冷凝成液态水，水以液滴状混于氟利昂液体中，在膨胀阀处因低温而冻结成冰，堵塞阀门，使制冷装置不能正常工作。水分还能使氟利昂发生水解而产生酸，使制冷系统内产生"镀铜"现象。

模块 2　制 冷 设 备

　　压缩机、冷凝器、节流阀、蒸发器是蒸气压缩式制冷系统中四个必不可少的基本部件，制冷循环示意图如图 2-1 所示。除了上述四大部件外，制冷系统还包括储液器、干燥过滤器、电磁阀等辅助设备。在小型氟利昂制冷系统中，常用毛细管代替节流阀。

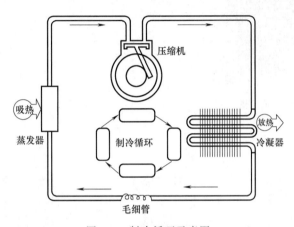

图 2-1　制冷循环示意图

2.1　压缩机

　　制冷压缩机是蒸气压缩式制冷循环系统的核心部件，是制冷循环系统的动力源。压缩机在电动机的带动下，吸入从蒸发器流出的低温低压制冷剂蒸气，经压缩到冷凝压力后排入冷凝器中。

　　目前，电冰箱和小型空调器基本上都采用全封闭制冷压缩机（图 2-2），即压缩机和电动机装在一个由熔焊或钎焊焊死的外壳内，共用一根主轴，这样既取消了轴封装置，又缩小了整个压缩机的尺寸，从而减轻了重量。同时也降低了制冷剂泄漏的概率，更可以降低压缩机运行时的噪声。露在机壳外表的只有吸气管、排气管、工艺管、输入电源接线柱和压缩机支架等。

　　往复活塞式、旋转式、涡旋式和变频式四种压缩机的应用最具有代表性，下面分别予以介绍。

2.1.1　往复活塞式压缩机

　　往复活塞式压缩机（图 2-3）是各种压缩机中发展最早的一种，它是通过活塞在气缸内做往复运动来压缩和输送气体的。

　　1. 工作过程

　　往复活塞式压缩机工作时，电动机带动曲轴做旋转运动，活塞经连杆把旋转运动变为直线运动。其工作循环分为膨胀、吸气、压缩、排气四个过程，如图 2-4 所示。

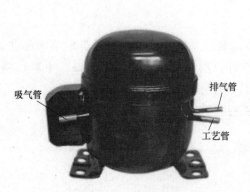

图 2-2　全封闭压缩机

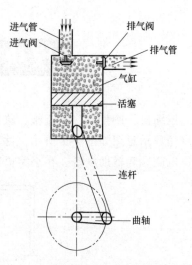

图 2-3　往复活塞式压缩机结构示意图

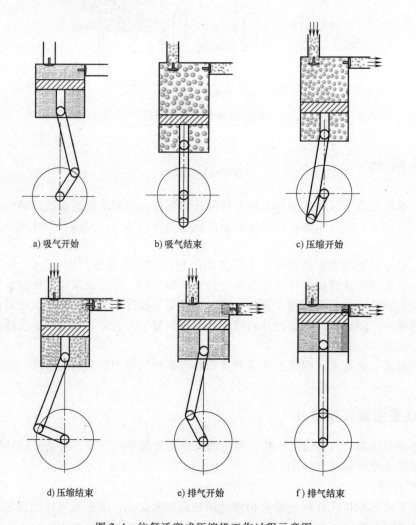

a) 吸气开始　　　　b) 吸气结束　　　　c) 压缩开始

d) 压缩结束　　　　e) 排气开始　　　　f) 排气结束

图 2-4　往复活塞式压缩机工作过程示意图

（1）膨胀过程　活塞从上止点开始向下止点运动，残留在气缸内的制冷剂蒸气随之膨胀，压力与温度下降。此时，吸气阀关闭，压缩机不吸气，当压力下降到与吸气压力相等时，膨胀过程结束。

（2）吸气过程　活塞在气缸中继续往下运动，当气缸内气体的压力下降到低于吸气压力时，吸气阀被顶开，气体流入压缩机，直至活塞运动到下止点时，气缸容积达到最大，气体停止流入，吸气过程结束。

（3）压缩过程　活塞从下止点向上止点方向运动，气缸的容积减小，气体压力和温度随之上升，将吸气阀关闭。当缸内气体压力超过排气管路中的气体压力时，排气阀被顶开，缸内气体的压力不再升高，压缩过程结束。

（4）排气过程　活塞继续上移，由于排气阀已被打开，高温高压的制冷剂气体被排出，直至活塞移动到上止点位置，排气阀关闭，排气过程结束。

活塞在气缸中每往复运动一次，就要依次进行一次膨胀、吸气、压缩、排气的工作过程，从而完成对制冷剂的吸入、压缩和排出的任务。

2. 分类

往复活塞式压缩机分为连杆式压缩机和滑管式压缩机两种，两种压缩机均因采用的传动机构为连杆、滑管而得名。

（1）连杆式压缩机　连杆式压缩机主要由气缸、活塞、曲轴、连杆、阀片、机壳等部分组成，如图2-5所示。电动机的旋转运动通过曲轴带动连杆，使活塞在气缸内做往复直线运动。电动机位于机壳的上部，卧式气缸在机壳的下部，整个机体通过压簧固定在机壳内。

（2）滑管式压缩机　滑管式压缩机主要由气缸、曲轴、滑管、活塞、机壳等部分组成，如图2-6所示。它利用曲轴上的偏心轴头带动滑块在一端为活塞的丁字形滑管中滑动，把旋转运动转变为活塞的往复运动。

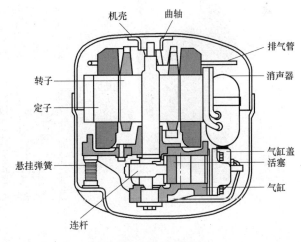

图 2-5　连杆式压缩机

2.1.2　旋转式压缩机

旋转式压缩机与往复活塞式压缩机相比，具有体积小、重量轻、噪声低、制冷效率高的特点。它由壳体、电动机组件、压缩机组件三部分组成，实物图与内部结构图如图2-7所示。

旋转式压缩机的气缸内装有偏心轮，偏心轮上套装一个可以转动的转子，转子与气缸相互接触，电动机带动主轴旋转时，转子紧贴着气缸内壁做偏心运动，其工作原理如图2-8所示。

在转子滑板上开有吸气口和排气口，如图2-9所示。由于转子的一侧总是与气缸壁紧密接触，形成了密封线，转子与气缸间便形成了一个月牙形的工作腔，分隔成吸气腔和排气

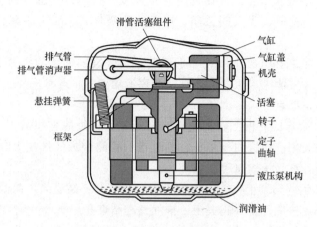

图 2-6　滑块式压缩机

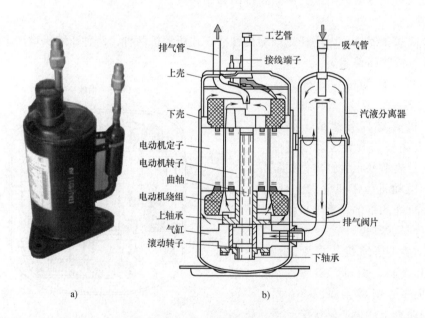

a)　　　　　　　　　b)

图 2-7　旋转式压缩机

a）实物图　b）结构图

腔，两密封腔体的容积随偏心轮的旋转而改变，不断吸入低温低压的制冷剂气体，同时排出高温高压的制冷剂气体。

2.1.3　涡旋式压缩机

涡旋式压缩机有两个涡旋，一个是固定的，一个是可动的，在涡旋定子的圆周上设置有吸气口，在端盖中心设置有排气口所示，如图 2-10 所示。

涡旋式压缩机利用两个涡旋件的相对旋转，使密闭空间产生移动及体积变化，从而周期性地由外侧到中心依次减小月牙空间的容积，是一种一边向中心移动、一边缩小容积的压缩机构，被压缩的高压制冷剂气体从端盖中心的排气口排出。

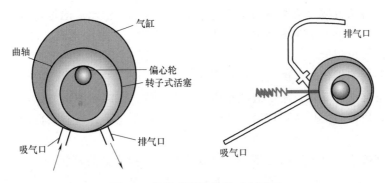

图 2-8　旋转式压缩机的工作原理

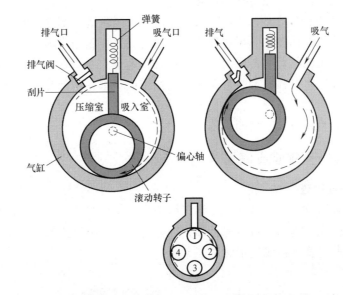

图 2-9　旋转式压缩机的工作过程

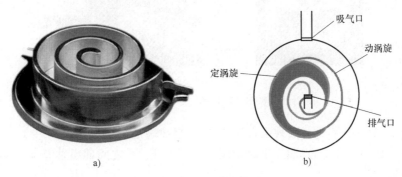

图 2-10　涡旋式压缩机

a）实物图　b）结构示意图

2.1.4　变频式压缩机

变频式压缩机可以分为两部分：一部分为变频控制器，即变频器；另一部分是压缩机。

变频控制器的作用是将城市电网中的交流电转换成方波脉冲输出。通过调节方波脉冲的频率（即调节占空比），就可以控制驱动压缩机的电动机的转速。频率越高，电动机的转速越高；反之，电动机的转速越低。

原来的空调压缩机依靠温度控制器控制压缩机的"开、停"，从而调整室内温度，其一开一停不仅会消耗很多电能，还会造成室内温度不一致，使温度忽高忽低。变频空调则依靠空调压缩机转速快慢的变化达到控制室温的目的，室温变化小，电能消耗较少，其舒适度大大提高。

变频式压缩机通过对电流的转换来实现电动机运转频率的自动调节，把50Hz的电网频率变为30~130Hz的变化频率；同时，还使电源电压范围达到142~270V，彻底解决了由于电网电压不稳而造成空调器不能工作的难题。

变频空调在每次开始起动时，先以最大功率、最大风量进行制热或制冷，接近所设定的温度后，空调压缩机便在低转速、低能耗状态下运转。这样不但室内温度稳定，还避免了空调压缩机频繁开停所造成的对其寿命的衰减，而且耗电量大大下降，实现了高效节能。

变频式压缩机的工作过程和旋转活塞式压缩机相似，都是由滑片、气缸内壁、转子外表面及气缸端面形成一个封闭容积，主轴旋转时转子紧贴气缸内壁滚动，使容纳气体的容积产生周期性变化，从而实现吸气、压缩、排气的过程。

2.1.5 技能训练——维修压缩机

1. 压缩机的一般检查方法

压缩机基本上采用全封闭式结构，它将压缩机与电动机组装在一个封闭的壳体内，壳体由上、下两部分焊接成一体，一般不能拆卸，壳体上只有3根管路和3个接线端子，图2-11所示为典型压缩机的引管与接线端示意图。

接线端子

图2-11　典型压缩机的引管与接线端示意图

压缩机的三个接线端子分别为运行端（R）、起动端（S）和公共端（C）。正常情况下，运行绕组CR的阻值最小，起动绕组CS的阻值较大，R、S之间的阻值是运行绕组CR和起动绕组CS的阻值之和。

压缩机的故障种类很多，只有在完全确定是内部故障后，才可以实施焊开外壳的操作，对压缩机进行大修。

压缩机的一般检查方法有两种：手指法和实测法。

（1）手指法　对压缩机吸、排气性能进行检测是最简单易行的方法，也是检测压缩机性能的重要依据。首先要卸下压缩机，但仍使其通电工作。

1）检查压缩机的排气管。如图 2-12 所示，用手堵住压缩机的排气口，然后松开手，因为压缩机内有压力，所以在排气口就可以感觉到排气，也应该听到排气声，这样就表明压缩机排气良好。若排气很少，甚至没有，则说明排气缸盖垫或气缸体纸垫已击穿，同时也有可能为吸、排气阀片已击碎；若有排气，但气量不足，则表明压缩机效率较差；若没有排气，能听到"嘶嘶"声，但停机后声音马上消失，则说明高压缓冲 S 管与机壳连接处、出气帽处断裂或出气帽垫片冲破漏气，需要更换压缩机或者开壳修理。

图 2-12　压缩机排气管检查

2）检查压缩机的吸气管。用手堵住吸气口，感觉有吸引力，说明压缩机吸气能力良好。否则，说明压缩机吸气有故障，如图 2-13 所示。

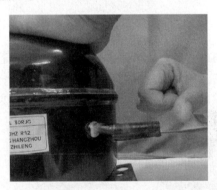

图 2-13　检查压缩机吸气管

（2）实测法

1）电冰箱压缩机的实测方法。检测压缩机的电动机，主要检测电动机的绕组。一般压缩机侧面有电动机绕组的接线柱（图 2-14），压缩机电动机的好坏，通过检测三个接线端子进行判别，常见的故障有绕组短路、绕组开路、绕组接地等。

① 检测起动端 S 与公共端 C 之间的阻值，将万用表调到 R×1 档，调零后，测量 S、C 间的阻值为 15.4Ω，如图 2-15 所示。

② 检测运行端 R 与公共端 C 之间的阻值，应为 30.3Ω，如图 2-16 所示。

③ 检测起动端 S 与运行端 R 之间的阻值，应为 45.7Ω，如图 2-17 所示。可见，起动端与公共端之间的阻值和运行端和公共端之间的阻值之和等于运行端与公共端之间的阻值。

图 2-14 压缩机的电动机的接线柱

图 2-15 S 与 C 之间的阻值

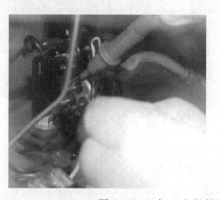

图 2-16 R 与 C 之间的阻值

　　检测以上各绕组阻值应满足上述要求，若测量所得某个绕组的阻值为无穷大，则说明该绕组开路。如果检测时某个绕组的阻值过小，则可能有短路情况发生，这时要测量绕组接地情况。即用一支表笔与公共端接触，另一支表笔接地，若阻值很小，则说明该端已经接地，需要开盖进行绝缘处理，如图 2-18 所示。

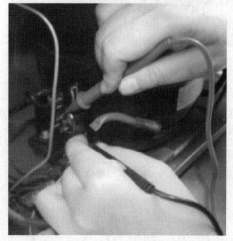

图 2-17 R 与 S 之间的阻值

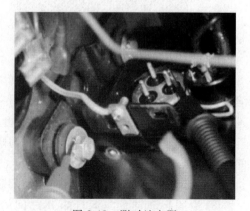

图 2-18 测对地电阻

　　2）空调器压缩机的实测方法。空调器压缩机的结构如图 2-19 所示。

① 检测起动端 S 与公共端 C 之间的阻值，将万用表调到 R×1 档，调零后，测量 S 与 C 之间的阻值为 3.8Ω，如图 2-20 所示。

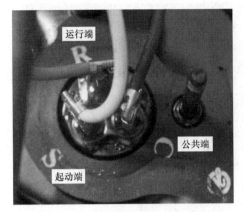

图 2-19　空调器压缩机的结构　　　　图 2-20　检测起动端 S 与公共端 C 之间的阻值

② 检测运行端 R 与公共端 C 之间的阻值，应为 3.7Ω，如图 2-21 所示。

图 2-21　检测运行端 R 与公共端 C 之间的阻值

③ 检测起动端 S 与运行端 R 之间的阻值，应为 7.5Ω，如图 2-22 所示。可见起动端与公共端之间的阻值和运行端与公共端之间的阻值之和仍等于运行端与公共端之间的阻值。

图 2-22　检测起动端 S 与运行端 R 之间的阻值

如果上述测量结果都过小，则说明绕组可能有接地的情况，此时用一支表笔接公共端，另一支表笔接外壳，如图 2-23 所示。若测量所得阻值很小，则说明绕组接地。

2. 压缩机的替换

1）先分别拆下起动继电器和热保护继电器，然后卸下固定压缩机的 4 个柱子，如图 2-24

所示。

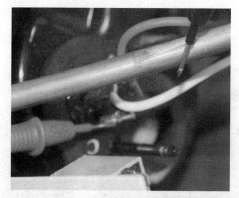

图 2-23　绕组接地情况测试

图 2-24　扳开压缩机固定爪

2）焊开吸气管和排气管，如图 2-25 所示。

图 2-25　焊开吸气管和排气管

3）取下压缩机后，换上同型号的压缩机，安装固定好，再焊上吸气管、排气管，然后对制冷系统进行吹污、干燥、抽真空、充注制冷剂操作。

2.2　冷凝器与蒸发器

2.2.1　冷凝器

冷凝器是制冷设备的重要热交换器之一，压缩机排出的高温高压的制冷剂过热蒸气与外界冷却介质（空气）存在温差，在通过冷凝器时对外放热，温度降低，冷凝成中温高压的液体后，进入干燥过滤器。

冷凝器按冷却方式分为直冷式和风冷式（也称间冷式），直冷式冷凝器依靠空气自然对流进行冷却，风冷式冷凝器依靠风扇强迫空气流动进行冷却。冷凝器按结构分为百叶窗式、钢丝式、翅片式和内嵌式冷凝器四种类型。百叶窗式冷凝器、钢丝式冷凝器和内嵌式冷凝器多用于直冷式制冷，翅片式冷凝器多用于风冷式制冷。

1. 百叶窗式冷凝器

用直径为 5~6mm 的铜管或镀铜钢管弯成冷凝盘管，再将其卡装在冲有百叶窗孔的散热片上并喷黑漆便制成了百叶窗式冷凝器，如图 2-26 所示。其制造工艺简单，但散热效果不如钢丝式冷凝器。

2. 钢丝式冷凝器

用镀铜钢管或钢管弯成冷凝盘管，在盘管两侧均匀地焊上直径为 1.6~2mm 的钢丝，并在表面涂上黑漆，便制成了钢丝式冷凝器，如图 2-27 所示。其散热性能好、整体强度好、材料费用低，但焊接工艺复杂，需要使用大容量接触焊机。

图 2-26　百叶窗式冷凝器

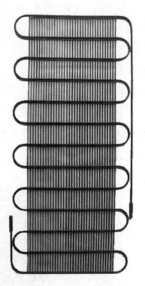

图 2-27　钢丝式冷凝器

3. 翅片式冷凝器

翅片式冷凝器属于风冷式冷凝器，它的结构与蒸发器的结构相似，也是由一组一组的 S 形铜管胀接铝合金散热翅片制成的，如图 2-28 所示。翅片的形状像百叶窗，便于散热，其材料为普通碳素钢板或铝合金。

4. 内嵌式冷凝器

内嵌式冷凝器是将蛇形盘管挤压或粘帖在箱体侧面或背部的薄钢板外壳内侧而制成的，如图 2-29

图 2-28　翅片式冷凝器

所示。其外观整洁美观，不易损坏，但散热效果较差，几乎不能维修。

2.2.2　蒸发器

低温低压液态制冷剂由毛细管进入蒸发器后，由于体积突然增大，制冷剂压力骤然降低，迅速吸收箱内冷却介质的热量，蒸发为低温低压的气体送入压缩机。

蒸发器按冷却方式不同，分为自然对流式和强制对流式蒸发器；按结构分为翅片式、钢丝式、板管式、铝平板式和翼片式蒸发器五种类型，其中只有翅片式蒸发器多用于强制对流形式。

1. 翅片式蒸发器

翅片管也称肋片管，由于在管子表面增加了翅片，使原有的传热面积得到了扩大，从而提高了换热效率。翅片式蒸发器多为强制对流式蒸发器，需要依靠风扇以强制对流的冷却方式加速空气流动来完成热交换。它具有坚固、热效率高、占用空间小、寿命长等特点。翅片式蒸发器的实物图如 2-30 所示。

2. 钢丝式蒸发器

钢丝式蒸发器在制冷盘管的两侧均匀地点焊上钢丝，如图 2-31 所示，其结构与钢丝式冷凝器类似。钢丝式蒸发器具有散热面积大、热效率高、工艺简单、成本低的特点。

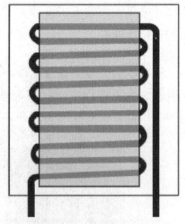

图 2-29　内嵌式冷凝器

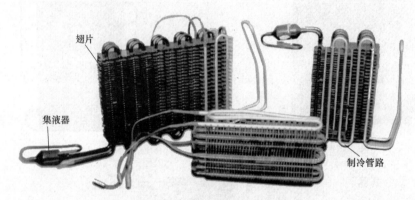

图 2-30　翅片式蒸发器实物图

3. 板管式蒸发器

板管式蒸发器是将纯铜管或铝管盘绕在由黄铜板或铝板围成的矩形框上焊接或粘接而成的，具有结构牢固可靠、设备简单、规格变化容易、使用寿命长。维修率低、维修方便的特点，但是其传热效果较差，多用于直冷式双门电冰箱的冷冻室，其实物图如 2-32 所示。

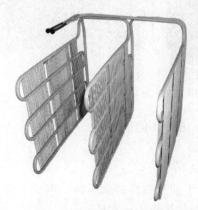

图 2-31　钢丝式蒸发器实物图

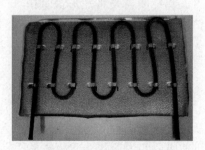

图 2-32　板管式蒸发器实物图

4．铝平板式蒸发器

吹胀式蒸发器管路根据蒸发管道的设计，用丝网将阻焊剂石墨印在一块铝板上，然后将这块中间印有石墨管路图案的铝板与另一块未印刷管路的铝板复合，对两层铝板进行热轧和冷轧后，再用高压氮气将印刷管路吹胀，并清洗石墨加工成所需形状。这种蒸发器的特点是传热效率高、降温速度快、结构紧凑、成本低，几种不同结构的吹胀式蒸发器如图 2-33 所示。

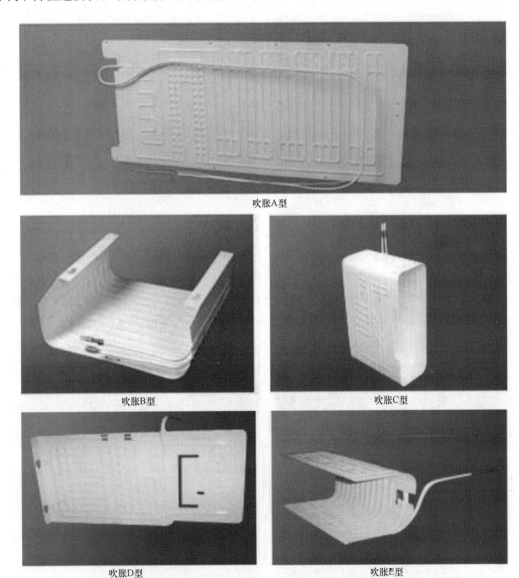

图 2-33　几种不同结构的吹胀式蒸发器

2.2.3　技能训练——冷凝器、蒸发器的检测与替换

1．冷凝器的检测与替换方法

（1）冷凝器的检测　冷凝器主要由各种管路组成，它的故障多是泄漏或堵塞。泄漏一

般出现在管口的焊接处，因为制冷剂中含有润滑油，所以可以用白纸对管路进行擦拭，以检测是否有油渍渗出。也可以将肥皂水涂于各焊接处，若有气泡冒出，则说明该处泄漏，如图 2-34 所示。

内嵌式冷凝器通常采用测压检漏法，如果确定冷凝器泄漏，则只能将原来的冷凝器废弃不用，并在冰箱的背部重新接外露式冷凝器代用。

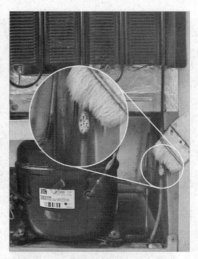

图 2-34　用肥皂水检测冷凝器管口

（2）冷凝器的替换　换冷凝器时，先用焊枪焊开冷凝器进气口与压缩机排气管的焊接处，然后焊开冷凝器与干燥过滤器的焊接处，取下冷凝器，再将同一型号的冷凝器焊回电冰箱，如图 2-35~图 2-37 所示。

图 2-35　冷凝器与压缩机和干燥过滤器的焊接处

2. 蒸发器的检测与替换方法

（1）蒸发器的检测　蒸发器的故障主要是泄漏或堵塞。因为蒸发器与回气管使用的材料不同，所以蒸发器与回气管的接口部分易腐蚀从而发生泄漏。最常用的检漏方法是把肥皂水涂在易漏区域，慢慢观察是否有气泡冒出，若有气泡冒出，则该点泄漏，如图 2-38 和图 3-39 所示。

图 2-36　对冷凝器进气口与压缩机排气管的
焊接处进行加热

图 2-37　对冷凝器与干燥过滤器
的焊接处进行加热

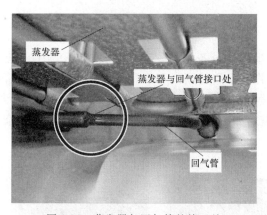

图 2-38　蒸发器与回气管的接口处

图 2-39　用肥皂水检漏

（2）蒸发器的替换　图 2-40 所示为电冰箱冷冻室的蒸发器，共有 4 层，进气管和回气管位于蒸发器的底部，蒸发器的进气口和回气口分别与毛细管和压缩机的回气管相连。

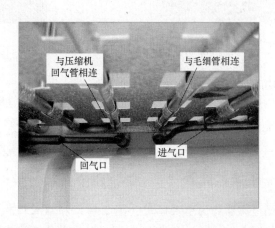

图 2-40　蒸发器

取下蒸发器时多采用气焊加热的方法。先卸下电冰箱背部蒸发器连接端口的保护盖，然后取出隔热泡沫，就会看到进气管和回气管（图2-41），用焊枪分别将进气管端口和回气管端口熔断，小心地取出蒸发器并予更换。注意：更换的蒸发器必须与原蒸发器规格一样。

更换冷凝器和蒸发器后，需要对整个制冷系统进行抽真空处理，确保制冷系统无空气、水分和杂质后，才能进行充注制冷剂的操作。

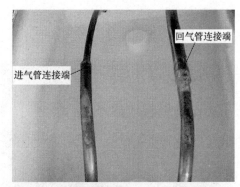

图 2-41　电冰箱背部蒸发器的管路连接端口

2.3　节流装置

2.3.1　毛细管

毛细管（图2-42）是一根孔径很小、长度较长且呈多盘圈状的纯铜管，其在制冷系统中可产生预定的压力降，起节流作用。毛细管的内径和长度要和制冷设备的容量、使用条件、制冷剂的填充量相匹配。将毛细管加工成螺旋状，如图2-43所示，可以增大液态流动时的阻力。高压液态制冷剂流过毛细管时，管壁对其产生阻力，使制冷剂压力下降，成为低压液态制冷剂送入蒸发器。

图 2-42　毛细管

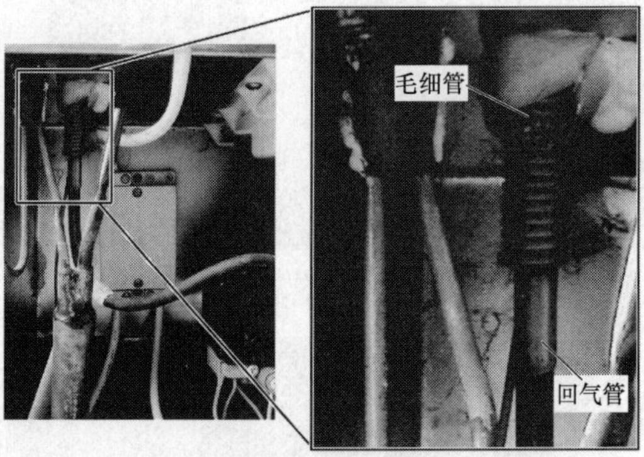

图 2-43　采用螺旋状绕制的毛细管

利用毛细管节流降压、结构简单、故障率低的特点，在电冰箱或空调器停机后，高、低压力会逐渐平衡，为下次工作提供了便利。

2.3.2　干燥过滤器

图 2-44　单入口式干燥过滤器实物图

干燥过滤器分为单入口式（图2-44）和双入口式（图2-45）两种，安装在毛细管的进口端，如图2-46所示，在制冷剂通过时，由分子筛或硅胶等组成的干燥剂吸收其中的水分，防止产生冰堵；过滤网用于滤除其中的杂质，以防止堵塞毛细管或损伤压缩机。图 2-47 所示为单入口式干燥过滤器结构示意图，图 2-48 所示为双入口式干燥过滤器结构示意图。

图 2-45　双入口式干燥过滤器实物图

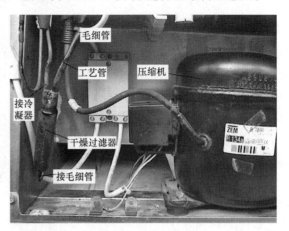

图 2-46　电冰箱制冷系统中的干燥过滤器

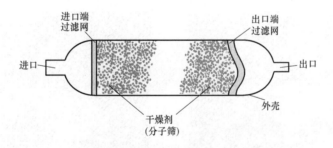

图 2-47　单入口式干燥过滤器结构示意图

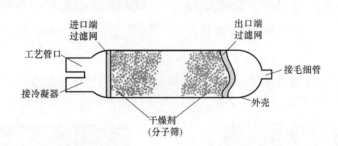

图 2-48　双入口式干燥过滤器结构示意图

2.3.3　技能训练——干燥过滤器的检测与替换

脏堵即制冷系统被污物堵塞，它都发生在干燥过滤器和毛细管中。

1. 干燥过滤器的检测

干燥过滤器的作用是滤除制冷系统中的杂质和水分，也就是说只有当干燥过滤器的过滤网破损后，污物才会堵塞毛细管，所以，制冷系统的脏堵就是干燥过滤器的堵塞。

干燥过滤器发生脏堵时一般有以下三种现象：

1）用手握住干燥过滤器时，发现其前后有一定的温差。

2）干燥过滤器部分结露或结霜。

3）仔细听，听不到蒸发器正常循环时发出的"嘶嘶"的制冷剂流动声，只能听到压缩机发出的沉闷的过负荷声。

2. 干燥过滤器的替换

干燥过滤器没有维修的价值，坏了就必须换新的。

1）把损坏的干燥过滤器拆下。为避免焊接时损伤其他部件，焊接前应用挡板隔离箱体，如图 2-49 所示。

图 2-49　将金属挡板放置于箱体前

2）将焊枪火焰调为中性焰，加热毛细管与干燥过滤器的接口，如图 2-50 所示。温度足够后，用钳子夹住毛细管，使其与干燥过滤器分离，如图 2-51 所示。

图 2-50　加热毛细管与干燥过滤器的接口

图 2-51　用钳子将毛细管与干燥过滤器分离

3）用同样的方法将干燥过滤器与冷凝器分离，如图 2-52 所示。

注意：新的干燥过滤器开封后必须马上使用，避免空气和水分进入系统。

4）将冷凝器插入新的干燥过滤器，焊好其接口处，如图 2-53 所示。

图 2-52　干燥过滤器与冷凝器分离

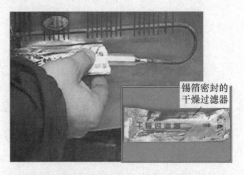

图 2-53　干燥过滤器与冷凝器的管子对插

5）焊接冷凝器与干燥过滤器的接口，焊接毛细管前应观察其管口是否有毛刺或呈现不平整，若有则必须用切管器将毛细管口切齐（图 2-54），然后将其插入干燥过滤器中（图 2-55），再焊好毛细管与干燥过滤器的接口，如图 2-56 所示。

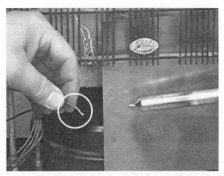

图 2-54　将不平整的毛细管口切齐

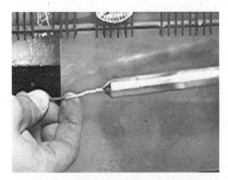

图 2-55　毛细管与干燥过滤器对插

图 2-56　焊接毛细管与干燥过滤器

6）更换后的干燥过滤器一般需要进行两次抽真空操作，然后向系统内充注足量的制冷剂，如图 2-57 所示。有些电冰箱使用 R600a 作为制冷剂，R600a 易燃易爆，不能使用气焊。

3. 毛细管的检测

（1）脏堵　若制冷系统的堵塞不是发生在干燥过滤器中，即干燥过滤器既不结露也不结霜，其前后端温度变化也不大，则可能是毛细管被污物堵塞，并且干燥过滤器的过滤网已经损坏。

（2）冰堵　如果制冷系统内存在水分，则当温度低于 0℃ 时，水蒸气就会在毛细管出口处结冰，把毛细管堵住，称为冰堵。

发生冰堵时，由于制冷剂不能循环流动，虽然压缩机仍然工作，但是电冰箱已经不制冷

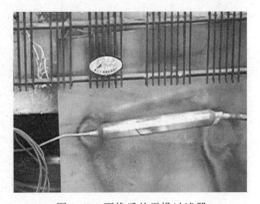

图 2-57　更换后的干燥过滤器

了。当冰箱内的温度恢复到 0℃ 以上时，毛细管出口处的冰融化，制冷剂又恢复流动，冰箱又开始制冷。但是，过一段时间后毛细管出口处还会发生冰堵，所以，毛细管冰堵是比较规律的故障，相对容易发现。

发现冰堵后，应首先充氮气，检查电冰箱的密封情况，在确定制冷系统无泄漏的情况下，才可以进行冰堵故障的排除。否则，一定要先把漏点修复好。

排除冰堵时应先更换干燥过滤器，因为发生冰堵说明干燥过滤器已经损坏。然后切开电冰箱工艺管口，并把它连接到真空泵的吸入口，打开真空泵的开关，运行 10min，停机 5min，接着再起动真空泵 10min，停机 5min，重复这种操作累计达 4h，就可以基本排除制冷系统中的水分。

课 后 习 题

一、填空题

1. 蒸汽压缩式制冷系统由（　　　　　　）、（　　　　　　）、（　　　　　　）和（　　　　　　）四部分组成。

2. 连杆式压缩机由（　　　　）、（　　　　）、（　　　　）、（　　　　）、（　　　　）和（　　　　）等部分组成。

3. 滑管式压缩机由（　　　　）、（　　　　）、（　　　　）、（　　　　）和（　　　　）等部分组成。

4. 压缩机的三个接线端子分别为（　　　　　　）、（　　　　　　）、（　　　　　　）。

5. 冷凝器按结构分为（　　　　）、（　　　　）、（　　　　）、（　　　　）冷凝器四种类型。

6. 蒸发器按结构分为（　　　　）、（　　　　）、（　　　　）、（　　　　）、（　　　　）蒸发器五种类型。

二、简答题

1. 简述往复活塞式压缩机的工作过程。
2. 简述冷凝器的作用。
3. 简述蒸发器的作用。
4. 电冰箱压缩机端子检测值是多少？
5. 空调器压缩机端子检测值是多少？
6. 简述替换压缩机的过程。
7. 简述干燥过滤器的替换过程。

课 后 习 题 答 案

一、填空题

1. 压缩机，冷凝器，节流阀，蒸发器
2. 气缸，活塞，曲轴，连杆，阀片，机壳

3. 气缸，曲轴，滑管，活塞，机壳

4. 运行端 R，起动端 S，公共端 C

5. 百叶窗式，钢丝式，翅片式，内嵌式

6. 翅片式，钢丝式，板管式，铝平板式，翼片式

二、简答题

1. （1）膨胀过程　活塞从上止点开始向下运动，残留在气缸内的制冷蒸气随之膨胀，压力与温度下降。此时，吸气阀关闭，压缩机不吸气，当压力下降到与吸气压力相等时，膨胀过程结束。

（2）吸气过程　活塞在气缸中继续向下运动，当气缸内气体的压力下降到低于吸气压力时，吸气阀被顶开，气体流入压缩机，直至活塞运动到下止点时，气缸容积达到最大，气体停止流入，吸气过程结束。

（3）压缩过程　活塞从上止点向下止点方向运动，气缸容积减小，气体压力和温度随之上升，将吸气阀关闭。当缸内气体压力超过排气管路中的气体压力时，排气阀被顶开，缸内气体压力不再升高，压缩过程结束。

（4）排气过程　活塞继续上移，由于排气阀已被打开，高温高压的制冷剂气体被排出，直到活塞移动到上止点位置，排气阀关闭，排气过程结束。

2. 冷凝器是制冷设备的重要热交换器之一，压缩机排出的高温高压的制冷剂过热蒸气与外界冷却介质（空气）存在温差，在通过冷凝器时对外放热，温度降低，冷凝成中温高压的液体后，进入干燥过滤器。

3. 低温低压的制冷剂由毛细管进入蒸发器后，由于体积突然增大，制冷剂压力骤然降低，迅速吸收箱内冷却介质的热量，蒸发为低温低压的气体送入压缩机。

4. 起动端 S 与公共端 C 之间的阻值为 15.4Ω，运行端 R 与公共端 C 之间的阻值为 30.3Ω，起动端 S 与运行端 R 之间的阻值为 45.7Ω。

5. 起动端 S 与公共端 S 之间的阻值为 3.8Ω，运行端 R 与公共端 C 之间的阻值为 3.7Ω，起动端 S 与运行端 R 之间的阻值为 7.5Ω。

6. 1）先分别拆下起动继电器和热保护器，然后卸下固定压缩机的 4 个柱子。

2）焊开吸气管和排气管。

3）取下压缩机后，换上同型号的压缩机，安装固定好后，再焊上吸气管、排气管，然后对制冷系统进行吹污、干燥、抽真空、充注制冷剂操作。

7. 1）把损坏的干燥过滤器拆下。

2）将焊枪调为中性焰，加热毛细管与干燥过滤器接口。温度足够后，用钳子夹住毛细管，使其与干燥过滤器分离。

3）用同样的方法将干燥过滤器与冷凝器分离。

4）将冷凝器插入新的干燥过滤器，焊好其接口处。

5）焊接冷凝器与干燥过滤器的接口，焊接毛细管前应观察其切口是否有毛刺或呈现不平整，若有则必须用切管器将毛细管口切齐，然后将其插入干燥过滤器中，焊好毛细管与干燥过滤器的接口。

6）更换后的干燥过滤器一般需要进行两次抽真空操作，然后向系统充注足量的制冷剂。

模块 3　分体式空调器安装与调试

3.1　热泵空调系统

3.1.1　热泵空调系统的组成

　　热泵空调系统方框图如图 3-1 所示，其结构简洁、层次清晰，主要部件包括压缩机、压力表、四通电磁阀、室外换热器、视液镜、过滤器、毛细管节流组件、空调阀、室内换热器、气液分离器等。

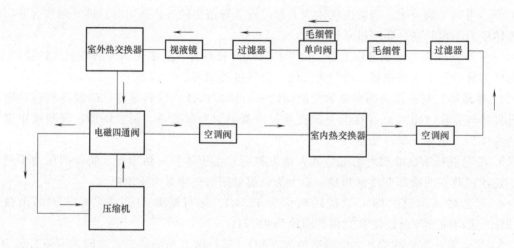

图 3-1　热泵空调系统方框图

1. 空调制冷原理

空调制冷时，系统的结构组成及热力系统流程如图 3-2 所示。

空调在制冷工况下，低温低压的制冷剂气体由回气管 21、气液分离器 23 进入压缩机 1，经压缩机 1 压缩后，变为高温高压的制冷剂气体，经高压排气管 2，进入四通电磁阀 22 的①端，从电磁阀 22 的②端进入室外换热器进口 4、室外换热器 5，经室外换热器 5 和室外换热器风机 2 对空气的强制对流，制冷剂变成高压中（常）温的制冷剂液体，此液体流经室外换热器出口 7，从视液镜 8 处可以看到制冷剂的状况。液体制冷剂经过过滤器 9、单向阀 10、毛细管 12、过滤器 13，再通过空调阀 14 的连接，流入室内换热器进口 15 中。前面经过毛细管的节流，低压中（常）温的制冷剂液体流入室内换热器 18，立刻吸热膨胀变为低压低温的气体，经室内换热器 18 和室内换热器风机 16 对空气的强制对流，将冷量吹进室内，低压低温的气体经室内换热器出口 17 流过空调阀 16，从四通电磁阀 20 的④端进入，从四通电磁阀的③端流出，进入回气管 21，经气液分离器 23 回到压缩机 1，如此反复循环，通过热力学原理将室内的能量与室外的能量进行交换，起到制冷的效果。压力真空表 3、20

分别连接在压缩机的高压排气口与低压回气口处，用于监测系统高、低侧压力的变化情况。

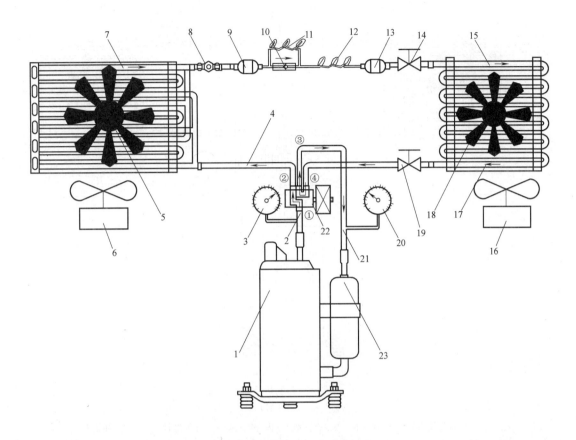

图 3-2　热泵空调制冷系统流程图

1—压缩机　2—高压排气管　3—高压侧压力真空表　4—室外换热器进口　5—室外换热器　6—室外换热器风机

7—室外换热器出口　8—视液镜　9—过滤器1　10—单向阀　11—毛细管2　12—毛细管1　13—过滤器2

14—空调阀1　15—室内换热器进口　16—室内换热器风机　17—室内换热器出口

18—室内换热器　19—空调阀2　20—低压侧压力真空表　21—回气管　22—四通电磁阀　23—气液分离器

2. 空调制热原理

空调制热时，系统的结构组成及热力系统流程如图3-3所示。

空调在制热工况下，低温低压的制冷剂气体由回气管21、气液分离器23进入压缩机1后，经压缩机1压缩后，变为高温高压的制冷剂气体，经高压排气管2，进入四通电磁阀20的①端。这时，空调器主控板驱动电磁阀22的线圈得电，通过机械的切换，四通电磁阀20的①端与④端通、②端与③端通，高温高压的制冷剂气体就流出四通电磁阀20的④端，经空调阀19流入室内换热器18，通过室内风扇对空气的强制对流，使得室内换热器中的热量被空气带入室内房间，从而使房间内的温度上升。高温高压的制冷剂气体变成高压中（常）温的制冷剂液体流经室内换热器进口15，然后流入空调阀14处，再经过过滤器13、毛细管12、毛细管11、过滤器9、视液镜8流入室外换热器5中。高压中（常）温的制冷剂液体被毛细管12、11共同节流，这时单向阀10反向不导通，高压中（常）温的制冷剂液体便流入室外换热器5中立刻吸热膨胀，变为低压低温的气体。低压低温气体经过冷凝器时受到室外

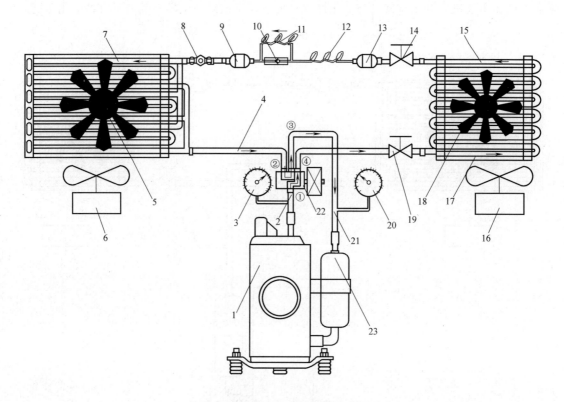

图 3-3　热泵空调制热系统流程图

1—压缩机　2—高压排气管　3—高压侧压力真空表　4—室外换热器进口　5—室外换热器　6—室外换热器风机
7—室外换热器出口　8—视液镜　9—过滤器1　10—单向阀　11—毛细管2　12—毛细管1
13—过滤器2　14—空调阀1　15—室内换热器进口　16—室内换热器风机　17—室内换热器出口　18—室内换热器
19—空调阀2　20—低压侧压力真空表　21—回气管　22—四通电磁阀　23—气液分离器

换热器风机 6 对空气的强制对流，进行能量交换，流经室外换热器进口 4、四通电磁阀 20 的②端，流出③端，进入回气管 21，再经气液分离器 23 回到压缩机 1。如此反复循环，通过热力学原理对室内的能量与室外的能量进行交换，起到制热的效果。

3.1.2　四通电磁换向阀

四通电磁换向阀（图 3-4）是热泵型空调器的关键控制部件，它通过电磁先导阀控制四通主阀换向，从而实现对空调器制冷、制热功能的转换。

1. 功能特点

1）采用四通先导阀控制四通主阀，换向可靠。

2）设有防止系统短路的特殊装置，系统工作更安全。

3）能瞬时换向并可在最小压差下动作，使经过四通阀的压降和泄漏降到最小。

4）电磁线圈采用热固性塑料密封，全封闭，防水效果好。

2. 结构

四通电磁阀由三部分组成：先导阀、主阀和电磁线圈。电磁线圈可以拆卸，先导阀与主阀焊接成一体。

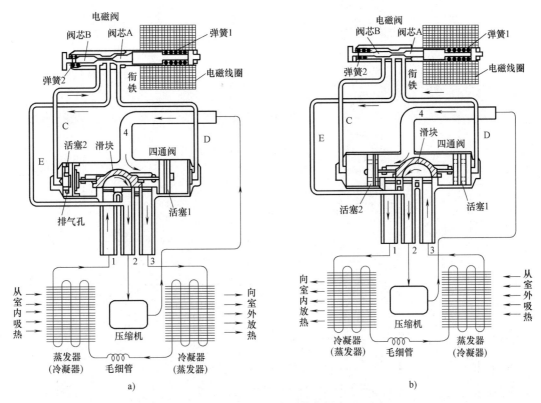

图 3-4　四通电磁换向阀
a）制冷模式　b）制热模式

3. 工作原理

1）当电磁线圈处于断电状态时，先导滑阀在压缩弹簧的驱动下左移，高压气体经毛细管进入活塞腔。另一方面，活塞腔的气体排出，由于活塞两端存在压差，活塞及主滑阀左移，使 E、S 接管相通，D、C 接管相通，于是形成制冷循环，如图 3-5a 所示。

2）当电磁线圈处于通电状态时，先导滑阀在电磁线圈产生的磁力的作用下克服压缩弹簧的张力而右移，高压气体经毛细管进入活塞腔。另一方面，活塞腔的气体排出，由于活塞两端存在压差，活塞及主滑阀右移，使 S、C 接管相通，D、E 接管相通，于是形成制热循环，如图 3-5b 所示。

4. 使用注意事项

1）设计管路时应注意电磁阀安装位置的正确性，如图 3-6 所示。

2）配管时避免使四通阀主体、接管与压缩机发生共振。

3）不要给线圈单件通电，以免烧坏线圈。

4）安装时，拧紧线圈固定螺钉的力矩为 1.47~1.96N·m。

5）焊接时，不要将火焰直接施加在四通阀主体上，焊接前须拆下线圈。

6）焊接时，阀体要充分冷却，主体内、外部温度不超过 120℃。

5. 维修注意事项

1）拆卸四通阀主体时，应先取下线圈，不要让阀体内、外部受热，以免因烧坏主滑阀而影响故障分析。

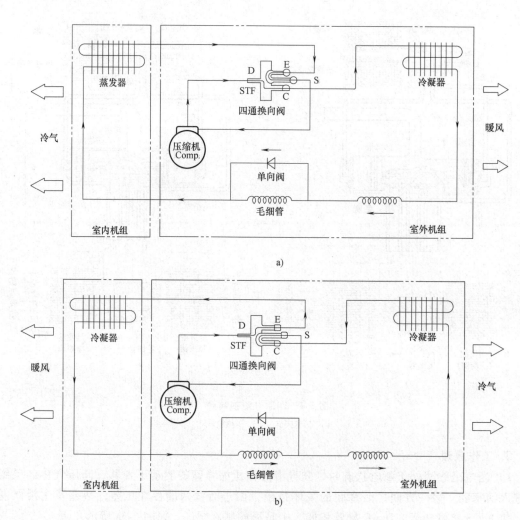

图 3-5　四通电磁阀的工作状态

a）制冷循环　b）制热循环

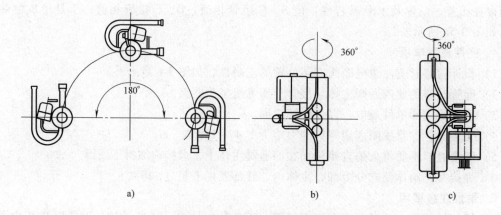

图 3-6　四通电磁阀的安装位置

a）、b）正确　c）错误

2）焊接新的四通阀时须充分冷却，使主体内部温度不超过120℃。

3）使用水冷却时，防止水进入阀体内部。

4）再充填冷媒时，防止过量充填或充填量不足，以免四通阀动作不良。

5）维修完空调后，切记打开高、低压阀门，以避免四通阀受到异常高压的冲击。

3.2　分体式空调器的安装

分体式空调器的安装技术比较复杂，因为室内机组和室外机组放置于不同位置，且需要进行制冷剂管路、电源线及控制线、排水管等的安装与连接，故要求操作技术全面。安装人员要具备管工、钳工、焊工、电工等技术，更重要的是要有一定的制冷空调基础知识和安装经验。

制冷管路系统连接一般分为气焊连接与喇叭口连接两种。

3.2.1　气焊连接

1. 氧乙炔焰气焊步骤

1）安装好焊接设备。

2）在确保设备完好的情况下，打开乙炔瓶阀和氧气瓶阀，此时瓶内的压力由各自的高压表显示出来，再沿顺时针方向调节各自减压器上的顶丝，观察低压表，调整到所需要的压力。一般氧气的压力为0.1MPa，乙炔的压力为0.05MPa。注意检查各调节阀和管接头处有无泄漏。

3）选择$\phi 1.5 \sim \phi 2mm$的铜焊条，焊剂可选铜焊粉。

4）点火操作。右手拿焊枪，左手沿逆时针方向少许拧开氧气阀，再开乙炔阀（开启程度要小些，以免乙炔燃烧不充分而产生黑烟灰），然后点火。开始点燃时，如果氧气压力过大或乙炔不纯，则会连续发出"叭、叭"的声音或出现不易点燃的现象。

点火与灭火的操作顺序：点火时，先打开焊枪上的乙炔开关并将其点燃，再打开焊枪上的氧气开关，根据焊接的需要调整乙炔、氧气开启度；灭火时，先关闭焊枪上的氧气开关，再关闭焊枪上的气炔开关。

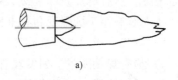
a)

5）焊接火焰的调整。调节氧气和乙炔的混合比，使火焰呈中性焰，焰心呈光亮的蓝色，火焰集中，轮廓清晰，如图3-7所示。

6）焊接完毕，先关焊枪的乙炔阀，再关氧气减压阀，最后松开各减压器上的顶丝，关闭各瓶阀。

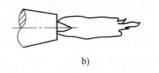
b)

7）反复练习氧乙炔焰焊接操作，直至熟练为止。

2. 便携式焊具的操作步骤

1）安装好焊接设备。

2）在确保设备完好的情况下，打开丁烷气瓶阀和氧气瓶阀。此时，氧气瓶内的压力由压力表显示出来，沿顺时针方向调节氧气减压器上旋钮到所需要的压力（氧

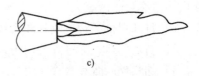
c)

图3-7　三种火焰形式
a) 中性焰　b) 碳化焰　c) 氧化焰

气减压器上没有低压表，根据经验调节）。注意检查各调节阀和管接头处有无泄漏。丁烷气瓶不需要减压调节。

3）点火操作。右手拿焊枪，左手沿逆时针方向少许拧开氧气阀，再开丁烷气阀，然后点火。

4）焊接火焰的调整。调节氧气和丁烷气的混合比，使火焰呈中性焰，焰心呈光亮的蓝色，火焰集中，轮廓清晰。

5）焊接完毕后，先关焊枪的丁烷气阀，再关氧气减压阀，最后松开氧气减压器上的顶丝，关闭各瓶阀。

6）反复练习操作步骤，直至熟练为止。

气焊设备的安全操作是确保自身安全和他人安全的重要一环，而且其焊接质量是制冷设备维修成功的一项重要保障，因此必须多加练习。

3. 管道焊接实训

（1）铜管与铜管焊接操作步骤　铜管与铜管焊接一般采用银焊，银焊条银的质量分数为25%、15%或5%；也可用铜磷系列焊条。它们均具有良好的流动性，并且不需要使用焊剂。

1）焊接铜管加工处理。扩管、去毛刺，旧铜管还必须用砂纸去除氧化层和污物。当所焊接铜管的管径相差较大时，焊缝间隙不宜过大，需将管径大的管道夹小。

2）充氮气。氮气是一种惰性气体，它在高温下不会与铜发生氧化反应，而且不会燃烧，使用安全，价格低廉。而铜管内充入氮气后进行焊接，可使铜管内壁光亮、清洁，无氧化层，从而可有效控制系统的清洁度。

3）打开焊枪点火，调节氧气和乙炔的混合比，选择中性火焰。

4）先用火焰加热插入管，稍热后把火焰移向外套管，再稍摆动加热整个管子，当管子接头均匀加热到焊接温度时（显微红色），加入焊料（银焊条或磷铜焊条）。焊料熔化时注意掌握管子的温度，并用火焰的外焰维持接头的温度，而不能采用预先将焊料熔化后滴入焊接接头处，然后再加热焊接接头的方法。这样会造成焊料中低熔点元素的挥发，改变焊缝成分，从而影响接头的强度和致密性。

5）焊接完毕后将火焰移开，关闭焊枪。

6）检查焊接质量，如发现有砂眼或漏焊的缝隙，则应再次加热焊接。

7）反复练习，直至熟练为止。

（2）铜管与钢管焊接操作步骤　铜管与钢管的焊接一般采用银的质量分数为50%、45%、35%或25%的银焊条，要求其有良好的流动性，而且需要焊剂的帮助。焊剂的作用是清洁焊条嵌入部位，氧化焊接部位，使焊料顺利流入，所以焊剂应是柔性混合物或粉末状。

1）对需要焊接的铜管和钢管进行加工处理，扩管、去毛刺，如果是旧管则必须去除氧化层、油漆及油污等。

2）打开焊枪，调节氧气和乙炔的混合比，选择增碳低温焰。

3）在加热前，先将焊剂均匀地涂在待焊接部位。

4）加热插入管和套管。

5）当管子加热完毕，焊剂熔化成液体，焊料流入两管间的缝隙内。

6）将火焰移开，关闭焊枪。

7）检查焊缝质量，若发现焊缝仍有缝隙或砂眼，则需重新加热补焊。

8）反复练习，直至熟练为止

（3）铜铝接头焊接操作步骤 在电冰箱泄漏故障中，有相当一部分是铜铝接头处泄漏。铜铝接头焊接工艺比较难掌握，焊接时应认真操作。

1）做好焊接前的准备工作。先将泄漏的铜铝接头焊开，把泄漏的那段管子用割刀割掉，然后将铜管内壁清理干净，同时将铜管外表面的氧化膜、灰尘或油脂清除掉。

2）把管壁内外清理干净的铜管（钢管外径等于铝管内径）外壁均匀涂上已调制好的糊状铝焊粉，插入铝管内10mm。

3）打开焊枪，调节氧气和乙炔的混合比，选择中性焰。

4）用火焰对准与铝管相邻的那部分铜管进行加热，加热要均匀，速度要快，不允许只加热局部，直到加热至铝管开始熔接于铜管上，此时将铜管稍做转动，使之均匀地熔在一起，再将焊枪迅速拿开。

5）关闭焊枪。

6）冷却后，用水清洗干净，用氧气吹去管内污物。

7）反复练习，直至熟练为止。

4．注意事项

1）严格按照操作规程使用焊接设备。

2）焊接设备的使用应在专业教师的指导下进行。

3）氧气瓶严禁接触油及油污。

4）实训中焊接好的铜管应统一堆放，以防烫伤或烫坏焊接橡胶管。

5）严禁将焊枪对准人或焊接设备、橡胶管。

6）焊接时，火焰要强，焊接速度要快。如果焊接时间过长，则管道将生成氧化磷等过多氧化物混入系统中，可能会导致毛细管堵塞，从而影响系统正常运行。

7）焊接设备出现故障时应立即报告，不可自行拆修，更不可带故障工作。

8）现场应配备必要的消防器具。

3.2.2 喇叭口连接

采用喇叭口扩口螺母连接时，在现场安装时要把铜管扩成喇叭口，然后用扩口螺母连接紧固，如图3-8所示。

扩口接头连接时，一定要将两管同心对正，然后将螺母套入，最后用扳手紧固。在按图3-8中所示的方法紧固时，一定要使用两把扳手，一把是普通扳手，另一把是力矩扳手（根据不同管径选用不同扳手）。

3.2.3 整机的组装

安装好制冷管接头以后，必须加以保温。由于节流毛细管置于室外机组，所以空调器的

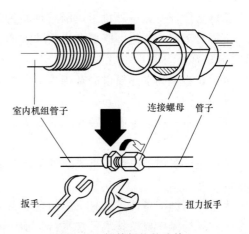

室内机组管子 连接螺母 管子

扳手 扭力扳手

图3-8 铜管螺纹的连接

粗管和细管直接暴露在空气中，管的外面会结露。为了避免管路的热损失和冷凝水的滴漏，必须使用合适的隔热材料对连接管进行保温，保温层厚度不应小于8mm。建议采用不易吸潮、抗老化、保温性能好的聚乙烯材料或橡胶材料。室内、外机组管路穿墙时，必须有穿墙用的套筒，以保护管道和导线、排水管等。若原机没有穿墙塑料圆形套筒，可选用其他套筒代替，如图3-9所示。

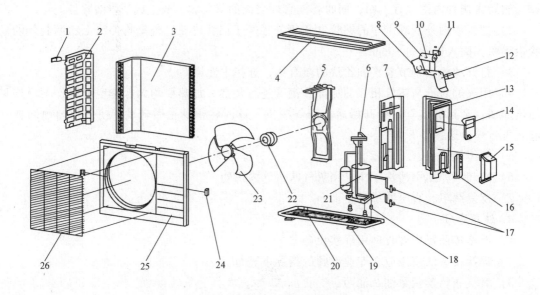

图3-9　分体空调室外机组分解图

1—小把手　2—左侧板　3—冷凝器　4—顶盖　5—电动机支架　6—四通阀　7—隔板　8—电气安装板　9、11—电容
10—电容卡　12—接线座　13—右围板　14—大把手　15—接水盘　16—阀安装板　17—截止阀
18—橡胶垫　19—底脚　20—底盘　21—压缩机　22—电动机　23—轴流风叶　24—前网卡子
25—前面板　26—出风网罩

分体式空调器的类型较多，安装方法也不相同，其一般安装要求如下：

1）室内、外机组的位置要选择适当，安装人员要与用户一起勘查现场，进行选择。无论是室内机组，还是室外机组，均要安装在无日光照射、远离热源的地方。

2）要保证室内、外机组周围有足够的空间，以保证气流通畅和便于修理。

3）对于室内机组，既要考虑安装方便，又要考虑美化环境，且一定要使气流合理，保证送风良好。

4）在不影响上述要求的基础上，安装位置要选在管路短、拐弯少、高差小且易于操作和检修的地方。

5）与室外机组不能安装在地面或楼顶平面，而需悬挂在场壁上时，应制作牢固可靠的支架。

6）室外机组的出风口不应对准强风吹的方向，风口前面也不应有障碍物，以避免气流短路。

7）一切标准备件、工具、材料应准备齐全，且符合要求。

8）现场操作要按技术要求进行，动作准确、迅速，管路的连接要保证接头清洁和密封良好，电气线路要保证连接无误。安装完毕，要多次对管路进行检漏和线路复查，确认无误后方可通电试运转。

9）当制冷剂管路超过原机管路长度时，应加设延长管，并按规定补充制冷剂。

10）管路连接后，一定要将系统内的空气排净（空气清洗）。

分体式空调器室内、外机组电源线、控制线的连接是重要的一环，必须认真对待。若不予以注意，则容易接错线路，造成空调器不运转或烧毁电动机及控制器件等故障。接线时必须注意以下事项：

1）在根据线路图接线以前，必须注意机组上的铭牌所注的额定电压、功率和电流值，按要求选用导线。

2）每个机组要专线供电，并配置专用的电源插座和熔断器、空气开关。

3）为避免因绝缘不良造成漏电，机组要放置在地上，并按要求做好接地保护。

4）导线不应有对折、死弯，也不应与制冷管路、压缩机以及风机的转动件相碰。

5）严格按电工操作规程进行安装，非专业电工人员不允许安装电气设备。

6）各种空调器的接线图均不相同，有难有易，有简有繁，但是其操作规律都是一样的，应遵照电路图、接线图所示的方法连接，千万不要在未看懂接线图以前轻易动手，否则将造成事故。

7）在室内机和室外机的接线盒内有端子板，其上标有相应端子的序号①、②、③等，连接时必须对正序号，绝对不可接错。有些空调器的电路图用实线代表电源线，用虚线代表控制线或地线，导线的颜色（红、白、黑等）也相应标出，各端子间不是用数字表示，而是用 A、B、C 等字母表示，在连接时一定要注意室内、外机组导线的颜色要与电路图一致，且各端子一定要对应无误，检查后方可接通电源进行试运行。

分体式空调器有室内机组和室外机组，其间用制冷剂管道和导线连接，在安装技术上比窗式空调器复杂，且具体连接方式因机组不同而异。

3.3 制冷系统吹污

制冷系统在安装的过程中，难免有焊渣、铁锈、氧化皮等杂质留在系统内，如果不将其清除干净，则在制冷装置运行中，会使阀门阀芯受损，经过气缸时，气缸的镜面会"拉毛"；经过过滤器时，会使过滤器堵塞。为此，在制冷设备试运转前，必须对系统进行仔细的吹污。吹污一般使用压缩空气或氮气，在无压缩空气或氮气的场合，也可用制冷压缩机代替，但使用时应注意制冷压缩机的排气温度不能超过 90℃，否则会降低润滑油的黏度，引起压缩机运动部件的损坏。系统吹污宜分段进行，先吹高压系统，再吹低压系统。排污口应分别选择较低部位，在排污口处放上一张白纸，当纸上无污点出现时，可认为系统已吹干净。

另外，在对冷库制冷系统进行全面检查时，也需要使用压缩空气将系统中残存的油污、杂质等吹除干净。为了使油污溶解且便于排出，可将适量的三氯乙烯灌入系统，待油污溶解后进气吹污。由于三氯乙烯对人体有害，因此使用时要注意室内通风，操作者要适当远离。

吹污注意事项如下：

1）整个制冷系统是一个密封、清洁的系统，系统内不得有任何杂物，管道安装后必须采用洁净、干燥的空气对整个系统进行吹污，将残存在系统内部的铁屑、焊渣、泥沙等杂物吹净。

2）吹污前，应在系统的最低点设排污口，采用压力为 0.6MPa 的干燥压缩空气或氮气进行吹扫，如系统较长，可采用几个排污口进行分段排污。连续反复多次吹污后，将浅色布放在排污口进行检查，5min 无污物为合格。系统吹扫干净后，应将系统中阀门的阀芯拆下清洗干净。

3）系统吹污气体可用阀门控制，也可采用木塞塞紧排污管口的方法控制。当采用木塞塞紧管口的方法时，在气体压力达到 0.6MPa 时会将木塞吹掉，应避免木塞冲出伤人。

3.4 制冷系统试压

常用的气密性检查方法有外观检漏法、肥皂水检漏法、卤素灯检漏法和电子检漏法。

1. 外观检漏法

外观检漏法又称目测检漏法，由于氟利昂类制冷剂和冷冻机油具有一定的互溶性，因此制冷剂泄漏时，冷冻机油也会渗出。使用了一定时间的制冷设备，当装置中的某些部件有渗油、滴油、油迹、油污等现象时，即可判定该处有氟利昂制冷剂泄漏。外观检漏法在制冷设备组装和维修中只用于初步判断，且仅限于对暴露在外的管道连接处进行检查。

2. 肥皂水检漏法

肥皂水检漏法又称压力检漏法，该方法用肥皂水检漏，简单易行，并能确定泄漏点，可用于已充注制冷剂的制冷装置的检漏，也可作为其他检漏方法的辅助手段。用肥皂水检漏是目前制冷设备组装和维修人员常用的比较简便的检漏方法。

3. 卤素灯检漏法

点燃检漏灯，手持卤素灯上的空气管，当管口靠近系统渗漏处时，火焰颜色变为紫蓝色，即表明此处有大量泄漏。这种方法有明火产生，不但很危险，而且明火和制冷剂结合会产生有害气体，应谨慎采用。此外此法也不易准确地定位漏点。

4. 电子检漏法

将探头对着有可能渗漏的地方，不断移动探头，当检漏装置发出警报时，即表明此处有大量泄漏。电子检漏产品容易损坏，维护复杂，容易受到环境化学品（如汽油、废气）的影响，且不能准确定位漏点。

3.5 制冷系统抽真空

3.5.1 真空泵和双表修理阀总成的使用方法

1）用软管连接真空泵和双表修理阀，如图 3-10 所示。阀体上装有两只表，一只是普通压力表，用来监测制冷系统内的压力；另一只是真空压力表，用来监测抽真空时的真空度，也可用来监测制冷系统内的压力。阀体上还设有两个阀门开关和三个接口，中间接口接双表阀中间管接头（一般用黄色软管），连接制冷系统；低压接口（带负压表）接真空泵，一般用蓝色软管，高压接口（不带负压表）接制冷剂瓶，一般用红色软管。

2）打开真空泵排气帽。

3）接通真空泵电源，打开真空泵电源开关。

4）缓慢地打开双表修理阀旋钮，即可对系统进行抽真空。

5）观察压力表指针位置变化是否正常。

6）抽真空 25min 后，记录低压表的真空值。

7）关闭双表修理阀旋钮，然后关闭真空泵电源开关。

3.5.2　制冷系统抽真空的方法

制冷系统抽真空操作的目的是排除制冷系统里的湿气（水）和不凝气体。一般抽真空的方法有三种：低压单侧抽真空法、高低压双侧抽真空法和二次抽真空法。

1. 低压单侧抽真空法

低压单侧抽真空法（图 3-11）是利用压缩机机壳上的加液工艺管进行操作的，其操作工艺比较简单，焊接口少，泄漏机会也相应少。

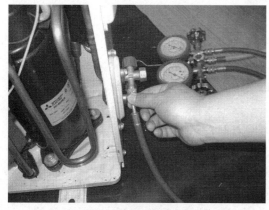

图 3-10　连接双表修理阀

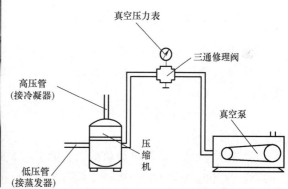

图 3-11　低压单侧抽真空法示意图

2. 高低压双侧抽真空

高低压双侧抽真空法是指在干燥过滤器的进口另设一根工艺管与压缩机机壳上的工艺管并联在一台真空泵上，同时进行抽真空操作。这种抽真空的方法克服了低压单侧抽真空方法中毛细管流阻对高压侧真空度不利的影响，但是要增加两个焊口，工艺上稍有些复杂。高低压双侧抽真空对制冷系统的性能有利，而且可适当缩短抽真空时间，近年来被广泛应用。

3. 二次抽真空

二次抽真空法是指制冷系统抽真空到一定真空度后，充入少量的制冷剂，使系统的压力恢复到大气压力，这时系统内已含有制冷剂与空气的混合气体。第二次抽真空后，便达到了减少残留空气的目的。

二次抽真空和一次抽真空的区别：一次抽真空时，制冷剂高压部分的残余气体必须通过毛细管后才能抽出工艺管，由于受毛细管阻力的影响，抽真空时间加长，而且效果不理想；二次抽真空是一次抽真空后向系统充入制冷剂气体，使高压部分空气冲淡，剩余气体中的空气比例减小，从而可得到较为理想的真空度。

注意：R600a 冰箱系统尽量选择高低压双侧抽真空法，避免采用二次抽真空法。

3.6 加注制冷剂

在系统抽真空后，即可加注制冷剂，一般采用下述两种方法。

3.6.1 向系统注入液态制冷剂

1）将压力表黄色软管的 90°弯头从真空泵上接到倒置于磅秤上的制冷剂钢瓶接口上。

2）拧开钢瓶阀门，拧松压力表黄色软管螺母，直到有制冷剂气体外泄 2~3s，然后拧紧螺母。

3）拧开压力表高压手动阀，向系统中加入液态制冷剂，直到达到规定量；若不能加注到规定量，可按步骤 2 补充。

需注意的是，加注液态制冷剂时，不可拧开低压手动阀，以防产生液击；不能起动空调，以防制冷剂倒灌入钢瓶中产生危险。

3.6.2 向系统注入气态制冷剂

1）将压力表中黄色软管的 90°弯头从真空泵上接到正立于磅秤上的制冷剂钢瓶接口上。

2）拧开钢瓶阀门，拧松压力表黄色软管螺母，直到有制冷剂气体外泄 2~3s，然后拧紧螺母。

3）拧开压力表低压手动阀，向系统中加入气态制冷剂。当系统压力高于 $2.5\mathrm{kg/cm^2}$ 时，关闭低压阀。

4）起动发动机，同时起动空调且置于最大制冷工况档。

5）打开低压手动阀，让制冷剂吸入系统，直到达到规定量。

需要注意的是，补充制冷剂时，可用压力表和视液镜观察法来确定制冷剂是否足量。

3.7 分体式空调器运行调试

3.7.1 运行调试注意事项

家用中央空调安装完毕后，必须在做好试运行后方可投入使用。

1）确定所有检查点（铜管焊接口、电源线接口、信号线接口、排水管坡度等）均已查清无问题后，方可开启机器，具体操作如下：

① 检查确定端子对地电阻应超过 $1\mathrm{M\Omega}$，否则，应找到漏电处并修复后方可起动。

② 检查确认室外机截止阀已全开后，方可起动机组。

③ 确保主电源已接通 12h 以上，以保证加热器加热压缩机润滑油。

2）系统运行时，应注意下列情况：

① 不要接触排气端的任何部件。这是因为在运行时，压缩机排气端的机壳和管路的温度高达 90℃以上。

② 不要按交流接触器按钮，否则将导致严重事故。

3.7.2　开机运行

1. 排空气

室内机组蒸发器和连接配管中的空气必须排除干净，通常利用室外机冷凝器中的制冷剂挤出室内机中的空气。

1) 将室内外机组用配管连接起来，拧紧供液截止阀与配管的连接螺母，以及回气截止阀与配管的连接螺母。

2) 缓缓打开供液截止阀，此时冷凝器中的制冷剂液体将通过液体配管进入室内机组，驱赶蒸发器中的空气。

3) 供液截止阀开启 30s 后，就会在回气截止阀的虚接口处感觉到有冷气逸出，这时可将配管与回气截止阀的管口迅速拧紧，勿使其漏气。到此时，排空气操作结束。

2. 开机运行

打开全部供液截止阀和回气截止阀，待管道内的制冷剂压力平衡后，便可开机运转。

1) 检查电源线、控制信号线的连接有无错误。

2) 打开供液截止阀和回气截止阀，检查各连接口有无泄漏。

3) 起动室内风机，再起动压缩机，此时应在电源线中放入钳形电流表，观察整机运行电流。

3.7.3　状态调整

1. 连接修理阀

旋下低压回气截止阀上充气通道的密封螺母，将带有顶针锁母的输气铜管的另一端接上单表修理阀，或者接在带有真空表和压力表的三通检修阀上，然后关紧阀门的手轮，将顶针锁母拧在空调器回气截止阀的旁通孔上，边拧边注意是否顶开了旁通孔内的气门嘴芯，顶开时会有制冷剂液体喷出。制冷剂喷出时会伴有润滑油溢出，应快速拧紧顶针锁母，这时连接软管已与系统连通。系统与修理阀通过连接管接通后，先打开修理阀，让系统内的制冷剂将连接管内的空气挤出，修理阀阀口喷出制冷剂后可迅速拧紧。然后关闭修理阀，此时压力表指示值也随之上升。

2. 检测低压压力

起动压缩机，制冷剂开始在系统内循环，低压截止阀上连通的压力表指示值从 0.8MPa 处开始下降，显示系统正在形成高压和低压两侧。当压力表指示值低于 0.5MPa 时，注意观察压力表指针的稳定情况和指示值；当最终稳定在 0.486MPa 时，继续观察空调器的运行情况，对制冷功能的高、中、低三档进行切换，以检测空调器的各项功能。

3. 监测温度与电流

通过钳形电流表观察运行电流，用电子测温计或水银温度计测量室内机的送风和回风温度差，用手摸冷凝器表面的温度分布和吹出的风温，用手摸蒸发器翅片的结露情况，同时观察截止阀附近的结露情况，判定制冷剂是否充足，如状态不符合要求可适当充注制冷剂。

4. 检查

1) 停机 5min，然后再起动一次，观察运行情况有无变化。如对于冷暖空调器，应在试机中切换电磁换向阀实现制冷功能，并对制冷状态下的各项功能进行检测。

2）检查室内、外机组的噪声，用耳听、手摸等方法检查有无安装不牢或机件碰撞引起的振动和摩擦。

3.8 技能训练——模拟空调系统的组装与调试

3.8.1 准备工作

本任务使用 THRHZK—1 型实训装置模拟空调室外机进行技能训练。

1. THRHZK—1 型现代制冷与空调系统技能实训装置

（1）实训装置的结构 THRHZK—1 型现代制冷与空调系统技能实训装置（以下简称实训装置）由铝合金导轨式安装平台、热泵型空调系统、家用电冰箱系统、电气控制系统等组成，如图 3-12 所示。

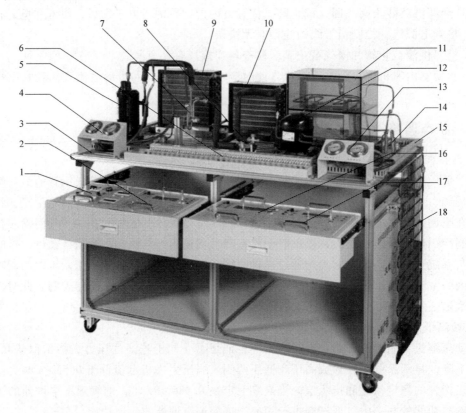

图 3-12 THRHZK—1 外观结构图

1—电源及仪表模块挂箱 2—空调电气控制模块挂箱 3—铝型材台面 4—真空压力表 5—空调压缩机
6—接线区 7—四通电磁阀 8—空调阀 9—室外热交换器 10—室内热交换器 11—翅片盘管式蒸发器
12—冰箱压缩机 13—真空压力表 13—毛细管 15—接线槽 16—电子温控电气控制模块挂箱
17—冰箱智能温控电气控制模块挂箱 18—钢丝式冷凝器

（2）实训装置的组成 实训装置由实训平台、制冷系统、电气控制系统等组成，见表3-1。

　　1）实训平台：以型材为主框架，钣金板为辅材，搭建一个 150cm×80cm 的平台，由 10 根 20mm×80mm 的型材铺设而成。其下设 2 个抽屉，用来放置实训模块，抽屉下面是一个存放柜，可以放置一些专用工具及制冷剂钢瓶等。底脚采用 4 个带制动的小型万向轮，以方便设备移动。

　　2）制冷系统。制冷系统主要分为三大子系统：热泵型空调系统、电子温控电冰箱系统和智能温控电冰箱系统，均由压缩机、热交换器、节流装置及辅助器件组成。制冷系统采用可拆卸（组装）式结构，通过管螺纹连接方式，将各部件串到一个回路中，最终组成一套完整的制冷系统。

　　① 热泵型空调系统：由空调压缩机、室内热交换器（包括翅片式换热器、风机、网罩、温度传感器）、室外热交换器（包括翅片式换热器、风机、网罩）、四通电磁阀、过滤器、毛细管、单向阀、空调阀、视液镜、耐振压力表等组成。

　　② 电子温控电冰箱系统：由电冰箱压缩机、钢丝式冷凝器、毛细管、手阀、铝复合板吹胀式蒸发器、冷藏式蒸发器、视液镜、耐振压力表、模拟电冰箱箱体（有机玻璃）、电冰箱门灯等组成。

　　③ 智能温控电冰箱系统：由电冰箱压缩机、钢丝式冷凝器、二位三通电磁阀、毛细管（2 根）、手阀、铝复合板吹胀式蒸发器、冷藏式蒸发器、视液镜、耐振压力表、模拟电冰箱箱体（有机玻璃）、电冰箱门灯等组成。

　　3）电气控制系统。电气控制系统采用模块式结构，根据功能不同分为电源及仪表模块挂箱、空调电气控制模块挂箱、电冰箱电子温控电气控制模块挂箱、电冰箱智能温控电气控制模块挂箱。同时在实训平台上设置有接线区，作为电气实训单元箱与被控元件的连接过渡区。接线区内采用加盖端子排，提高了操作安全系数。

表 3-1　制冷设备清单

序号	名　称	规　格	数量	备　注
1	制冷实训台	THRHZK—1A	1 套	
2	旋转式压缩机		1 台	
3	室外换热器		1 台	
4	室内换热器		1 台	
5	四通电磁阀		1 个	
6	环境温度传感器		1 个	
7	管路温度传感器		1 个	
8	固定型材		6 根	
9	实训专用导线		45 根	
10	螺钉		若干	
11	接线板		1 个	
12	电气原理图		3 张	
13	制冷耗材		1 箱	详见耗材清单

2. 制冷专用工具与耗材

制冷专用工具见表 3-2，所需耗材见表 3-3。

表 3-2　制冷专用工具清单

序号	名　　称	规　　格	数量	备　　注
1	弯管器	CT—368	1 把	
2	偏心型扩孔器	CT—808AM	1 套	
3	真空泵	TW—1A	1 台	
4	双表修理阀	CT—536GF/S	1 套	含三色加液管
5	转接头	米制/寸制	3 只	
6	接水盘		1 个	
7	制冷剂钢瓶	3kg	1 个	含 R22 制冷剂

表 3-3　制冷耗材清单

序号	名　　称	规　　格	数量	备　　注
1	铜管	ϕ6mm	2m	
2		3/8in	2m	
3	纳子	1/4in 标准纳子	5 个	
4		3/8in 标准纳子	9 个	
5	导线	42 芯黄色线	1 卷	
6		23 芯绿色线	1 卷	
7	号码管	1~64	2 条	
8	热缩管	ϕ3mm	1m	
9		ϕ4mm	1m	
10		ϕ6mm	1m	
11		ϕ8mm	1m	
12	套管	ϕ1.5mm	3 根	
13		ϕ2mm	3 根	
14		ϕ2.5mm	3 根	
15		ϕ3mm	3 根	
16		ϕ3.5mm	3 根	
17		ϕ6mm	2 根	
18	保温管	ϕ6mm	1 根	
19		ϕ10mm	1 根	
20	T 形铜管	1700mm/根	2 根	
21	空调二通截止阀	600mm	1 根	
22	空调三通截止阀	600mm	1 根	
23	接插片	10 只/包	1 包	
24	仪表连接专用毛细管	1000mm	2 根	
25	元件盒(小型容器)		1 只	
26	肥皂		1 块	
27	美工刀		1 把	
28	海绵	5cm×5cm	1 块	

（续）

序号	名　称	规　格	数量	备　注
29	毛巾		1 条	
30	扎带		50 根	
31	绷带	空调专用	1 卷	
32	L 形支架		1 个	空调阀安装架

3.8.2　项目任务书

说明：

1）本任务书的编制以可行性、技术性和通用性为原则。

2）本任务书依据劳动部、国家贸易部联合颁布的"中华人民共和国制冷设备维修工职业技能鉴定规范考核大纲"编制而成。

3）任务完成总分为 100 分，任务完成总时间为 4h。

4）记录表中的所有数据要求用黑色圆珠笔或签字笔如实填写，表格应保持整洁，表格中所记录的时间以赛场挂钟时间为准，所有数据记录必须报请评委签字确认，数据涂改必须经评委确认，否则该项不得分。

5）除压力按仪表上显示的单位填写外，其他参数全部采用国际单位制填写。

6）在操作过程中，下列四点要求为职业素养、操作规范和安全意识的考核内容，并有 10 分的配分：

① 所有操作均应符合安全操作规范。

② 操作台、工作台表面整洁，工具的摆放、导线线头等的处理符合本职业岗位要求。

③ 遵守赛场纪律，尊重赛场工作人员。

④ 爱惜赛场设备、器材，不允许随手扔工具，在操作中不得发出异常噪声，以免影响其他选手操作。

7）有下列情况者，将从竞赛成绩中扣分：

① 申领 T 形管扣 10 分/根，申领 3/8in 铜管和 ϕ6mm 铜管扣 5 分/根，申领气体截止阀（气阀）、液体截止阀（液阀）扣 5 分/个。

② 在完成工作任务过程中，因操作不当导致大量制冷剂泄漏的扣 10 分。

③ 在完成工作任务过程中，因操作不当导致触电的扣 10 分。

④ 因违规操作损坏赛场设备及部件扣分：压缩机 10 分/台，换热器 10 分/台，四通电磁换向阀 5 分/件，其他设施及系统零部件（除螺钉、螺母、平垫、弹垫外）2 分/个，工具、器具 5 分/件。

⑤ 扰乱赛场秩序，干扰评委正常工作的扣 10 分，情节严重者，经执委会批准，由首席评委宣布取消参赛资格。

任务及其要求

任务一　热泵型分体空调器制冷系统的组装与调试

1. 制冷系统的组装

在 THRHZK—1A 型现代制冷与空调系统技能实训装置（以下简称"实训装置"）平台

上，结合实际热泵型分体式空调器（以下简称"空调器"）的结构特点，完成空调器制冷系统的组装。任务要求如下：

1）根据赛场提供的器材，合理选用工具，自行设计制作压缩机的排气管和回气管，排气管须设置 2 个 U 形弯管，回气管应设置 4 个 U 形弯管。选手在制作管件过程中，应报请评委抽检喇叭口制作质量，并由评委在表 3-4 中签字确认。

2）依据实际家用空调器室外机组的结构对制冷系统进行布局。压缩机、室外换热器、毛细管组件、四通电磁换向阀、液体截止阀（液阀）和气体截止阀（气阀）均须安装在 750mm×360mm 的底盘区域内（T 形管上的接头、连接压力表的毛细管、室内机与室外机的连接管除外）。

3）压缩机、四通阀与毛细管组件须安装在 230mm×230mm 的方形区域内（连接管路除外）。

4）液体截止阀（液阀）和气体截止阀（气阀）必须安装在赛场提供的安装支架上，安装位置符合实际家用空调的使用情况，压力表可以自行移动，位置应靠近高低压管接头。

5）两个 T 形管的接头应平行布置在同一方向上且便于连接压力表。

6）压缩机的回气管、排气管与固定部件之间的间隙不小于 10mm，其他管与部件之间的间隙不小于 5mm。

7）室外机管路的最高点与装置台面之间的距离不超过 440mm。

8）空调制冷系统整体布局合理、美观、层次分明，部件安装紧凑、牢固，管路须横平竖直且不得相互碰触。

表 3-4　喇叭口抽检情况记录表

项目	圆正光滑	不偏心	不卷边	不开裂	无毛刺	大小合适
完成情况						
综合评价						
评委签字						

注：完成情况填写"√"或"×"；综合评价填写"合格"或"不合格"。

2. 制冷系统吹污和保压检漏

按照工艺要求，选手对组装的空调制冷系统进行吹污和保压检漏。任务要求如下：

1）利用氮气对自制管件和组装的空调制冷系统进行吹污，吹污压力为 0.3~0.4MPa。吹污开始时，选手应举手示意，在评委的监督下进行吹污操作，在表 3-5 中记录双表修理阀高压侧压力表的实际参数，并报请评委签字确认，否则该项不得分。

2）利用赛场提供的氮气，对组装的空调制冷系统进行试压检漏，试压的压力值为 0.9MPa。自检不漏后，断开氮气管与制冷系统的连接，报请评委验证压力值，在表 3-5 中记录装置上空调系统低压表的实际参数，由评委签字确认。保压 20min 后，再次报请评委验证压力值，并在表 3-5 中记录装置上空调系统低压表的实际参数，由评委签字确认。

3）如果发现有泄漏部位，选手应自行查明原因并进行处理，然后重新进行试压检漏操作，直到不漏为止。

3. 制冷系统抽真空

正确连接压力表及真空泵，通电起动真空泵，选手对组装的空调制冷系统进行抽真空操作。任务要求如下：

表 3-5 制冷系统吹污、保压检漏过程

吹污操作					
空调系统吹污压力/MPa			评委签字		
试压检漏					
次数	保压开始			保压结束		
	时 间	压力值/MPa	评委签字	时 间	压力值/MPa	评委签字
第一次						
第二次						

1）抽真空时间不少于 8min，压力值不高于−65cmHg。抽真空完成后，关闭双表修理阀低压侧阀门，真空泵断电停机，报请评委验证压力值，并在表 3-6 中记录双表修理阀低压表的实际参数，由评委签字确认。保压 20min 后，再次报请评委验证压力值，并在表 3-6 中记录双表修理阀低压表的实际参数，由评委签字确认。

2）保压期间发现压力回升时，选手应自行查明原因并进行处理，然后重新进行抽真空保压操作。

表 3-6 制冷系统抽真空操作

抽真空					
抽真空开始时间			评委签字		
抽真空结束时间			评委签字		
保压操作					
次数	保压开始			保压结束		
	时 间	压力值/cmHg	评委签字	时 间	压力值/cmHg	评委签字
第一次						
第二次						
第三次						

任务二　空调电气系统电路连接

根据空调电气控制原理，选用合适的导线及器件，完成空调电气电路的连接，并测试压缩机、室外风扇电动机、室内风扇电动机、四通电磁换向阀的功能是否正常。

任务要求：

1）端子排的 5~30 号端子用于空调电气接线，自行选择各个器件所对应的端子号，并将结果填入表 3-7。

2）进行电路连接时，传感器选用 23 芯导线，执行部件选用 42 芯导线。

3）电路安装要求符合电气线路安装规范，与端子排连接的导线接头须上锡处理，上锡长度不小于 5mm，且连接可靠。

4）线槽内要求布线平整美观，执行部件的连接导线沿线槽外侧布放，传感器的连接导线沿线槽的内侧布放，并分别固定。

5）端子排与挂箱之间的连接导线按不同器件逐一分开捆扎。

6）连接导线两端均应套号码管，号码管上的数字标识方向要求一致。

7）露出线槽外的器件引线必须采用热缩管做护套。

8）导线对接处要进行上锡处理，以保证连接可靠，并外加套管。

表 3-7 电气接线端子排分配表

端子排号	设备或器件	端子排号	设备或器件
5		18	
6		19	
7		20	
8		21	
9		22	
10		23	
11		24	
12		25	
13		26	
14		27	
15		28	
16		29	
17		30	

任务三　空调制冷系统充注制冷剂与调试运行

空调电气故障排除完毕后，参赛选手按要求完成空调制冷系统的制冷剂充注及调试运行工作。

任务要求：

1）按照表 3-8 给定的部分参数值充注适量制冷剂，在操作过程中，不得向赛场大量排放制冷剂。

2）将空调设置为制冷模式、设定温度为 16℃、低风档，断开所有与制冷系统连接的外接管路，在表 3-8 中记录运行开始时间，并由评委签字确认。

3）运行 15min 后，报请评委验证运行结束时间及各项参数值，在表 3-8 中记录运行结束时间及各项参数值，并由评委签字确认。

4）在运行期间，不允许充注或排放制冷剂，否则重新开始计时运行。

表 3-8 空调器试运行记录表

项目名称	项目内容	运行参数参考值	实测值	评委签字
通电试运行	运行开始时间	以实际为准		
	运行结束时间	以实际为准		
	低压压力/MPa	0.42		
	压缩机运行电流/A	2.5		

3.8.3　任务实施过程和步骤

1. 空调系统布局与各部件定位

图 3-13 所示为未安装设备。

图 3-13　未安装设备

空调系统室外机布局与实际施工效果图如图 3-14 所示。

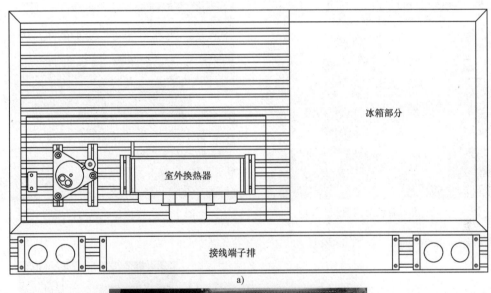

冰箱部分

室外换热器

接线端子排

a)

b)

图 3-14　空调系统室外机布局与实际施工效果图

a）室外机布局　b）实际施工效果

2. 空调系统的连接

1）制作回气管与排气管，如图 3-15、图 3-16 所示。

图 3-15　回气管

图 3-16　排气管

2）根据施工图样制作空调器压缩机吸、排气管路并连接四通阀，如图 3-17~图 3-19 所示。

图 3-17　连接压缩机与四通阀（1）

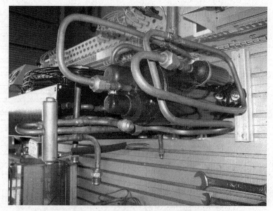

图 3-18　连接压缩机与四通阀（2）

3）连接其他管路，如图 3-20 所示。

图 3-19　连接压缩机与四通阀（3）

图 3-20　连接其他管路

4）制作并安装气体截止阀与液体截止阀，如图3-21所示。

3. 空调器制冷系统气密性检查

1）将气体截止阀工艺管口上的螺母取下。

2）将双表修理阀上的蓝色加液管（带顶针端）与空调器制冷系统中空调阀的加液口相连并拧紧，红色加液管与氮气减压阀相连，如图3-22所示。注意：连接处不得有泄漏。

3）打开氮气瓶阀阀门开关，顺时针方向旋转减压阀上的调压手柄，观察减压阀上的低压表，使其工作压力值达到1.0MPa。

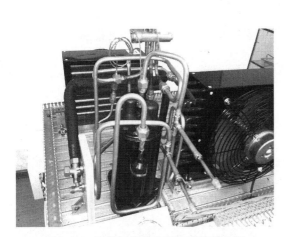

图3-21　连接气体截止阀和液体截止阀

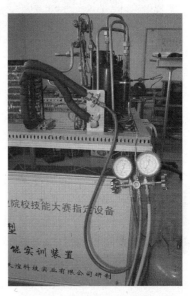

图3-22　双表修理阀连接空调

4）打开双表修理阀上的表阀1、2，使氮气缓缓地进入制冷系统。观察双表修理阀低压表，当压力与减压阀低压表压力值相等时，关闭双表修理阀表阀2和氮气瓶瓶阀阀门，松开氮气减压阀压力调节旋钮手柄，加压结束。

5）用带有肥皂水的海绵对系统上的各焊接点、螺母接口处和每一个可疑之处进行排查检漏，每涂抹一处要仔细观察3~5s，如有气泡则说明该处泄漏。重复涂抹2~3次，准确找到漏点。

6）若经上述检漏操作未发现漏点，而双表修理阀压力表的压力读数下降，则说明系统内存在泄漏，需另行检查，直到不漏为止。

① 检查所有可疑之处，并找到漏点，先用干净的毛巾将漏点周围擦干净，并放出制冷系统中的氮气，然后采用适当的方法进行维修。

② 维修好后重复步骤2）~4）操作，重新加压检漏，直至系统无泄漏处。

③ 对系统充入1.0MPa的氮气，待系统压力平衡后，取下与加液口相连的加液管，如图3-23所示，并保压24h。24h内压力降不允许超过0.01MPa，如果压力降超过0.01MPa，则说明系统仍然存在泄漏。

制冷系统检漏操作注意事项：

① 忌用压缩机或其他设备直接向制冷系统中充入空气进行加压检漏。

② 检漏应在系统内压力平衡后进行。

图 3-23　扭下气阀螺母

③ 电冰箱制冷系统泄漏点有时比较小，一定要仔细观察，耐心地反复检漏。

④ 加液管与制冷系统的连接一定要密封。

⑤ 肥皂水检漏找到漏点后，一定要用干净的毛巾将漏点周围擦干净，防止水分进入系统而产生冰堵故障。

⑥ 外观检漏时，若发现有油迹，应确定其是否真正存在泄漏，待查明确切位置后，再对其进行处理和修复等工作。

⑦ 电子检漏仪检漏法不适用于系统多处有漏点或泄漏量较大的场合，会产生误报警现象，甚至会损坏仪器。

⑧ 采用充压浸水检漏法时，严禁使用可燃气体进行充灌，以免发生严重的事故。充入装置中的高压气体必须是干燥、无腐蚀性、不可燃的气体。

4. 抽真空

1）将气体截止阀工艺管口上的螺母取下。

2）将双表修理阀上的蓝色加液管（带顶尖端）与空调器制冷系统中空调阀的加液口相连并拧紧，红色加液管与真空泵相连，黄色加液管与制冷剂相连，如图 3-24 所示。

3）连接好后将真空泵的电源接上，并按下红色的开关键将其起动。

4）抽真空开始，观察真空表当前的读数。当表针指向 -0.1MPa 时（即 760mmHg），真空度达到要求，如图 3-25 所示。

图 3-24　充注制冷剂连接方法　　　　　　图 3-25　真空值达标

5）真空度达到要求后，关闭表阀 1，再关闭真空泵，卸下软管。

6）真空保压 30min，等时间到达时，系统真空度不变时，开始充注制冷剂。

5. 加注制冷剂并调试运行

1）关闭阀门 2（红色），打开制冷剂钢瓶。开启气体截止阀和液体截止阀，如图 3-26 所示。一边充注，一边观察低压表读数，当低压表读数达到 0.4~0.5MPa 且制冷效果良好时即可。

2）当制冷剂充注够量时，先关闭制冷剂钢瓶的阀门，再关闭减压表的阀门，然后取下充气软管的充气接头，并拧上保护螺母，用扳手拧紧。最后分别拧上高、低压管的阀盖并用扳手拧紧，充注制冷剂的过程便完成了。

图 3-26　开启空调气体截止阀

3）调试空调，运行一段时间后测量并记录参数。

6. 热泵空调系统的调试

热泵空调系统 ZK—02 空调电气控制模块的调试步骤如下：

1）首先进行工艺检查，面板及有机玻璃不能有划伤和掉漆现象，喷塑应均匀，字迹清晰；各种弱电座贴面安装，插入弱电线时不能过紧，各弱电柱的颜色应统一，电位器帽要拧紧，帽及帽盖不能有划伤；熔丝座不能装歪，有机玻璃固定螺钉均为平头不锈钢螺钉，长短应合适；所有器件的安装均以最新装配工艺为标准。

2）用电容电感表测量冷凝器风机起动电容、蒸发器风机起动电容、空调压缩机起动电容，其电容值分别为 1μF、1μF、15μF。

3）对照挂箱接线图，在检查接线无误的前提下给挂箱接入 AC 220V 电源，注意电源进线不能接反。接入电源时会听到"嘀"的一声蜂鸣器响，然后定时与电源发光二极管开始闪烁，定时指示灯为橙色，电源指示灯为红色。将室内管路温度传感器接入面板上的对应位置，定时指示灯不再闪烁；将室内环境温度传感器接入电路，电源指示灯不再闪烁。

4）用遥控器控制系统起动，使系统处于制冷状态，此时电源指示灯亮，压缩机指示灯 LED1（红色）亮，高风档指示灯 LED2（绿色）亮，用遥控器调节风量的变化，相应的指示灯应该能够随之变化。用万用表测量 RY01~RY05 的接线柱，当 LED1 亮时，测量 RY01 与零线之间的电压应该为 220V；同理 LED2 亮时，测量 RY02；LED3 亮时，测量 RY03；LED4 亮时，测量 RY04；LED5 亮时，测量 RY05。LED1~LED5 数码管的颜色分别为红、绿、黄、红、绿。

5）用遥控器控制系统起动，使系统处于制热状态，此时 LED5 指示灯点亮，LED1 指示灯点亮，LED2、LED3、LED4 均不亮。

3.8.4　任务考核

模拟空调系统的组装与调试任务考核评价表见表 3-9。

表 3-9 模拟空调系统的组装与调试任务考核评价表

评分内容及配比	评 分 标 准	得分
热泵型分体式空调器制冷系统组装(40分)	系统没有安装完毕,缺少一个设备或部件扣3分 未能按照要求将室外机所有部件安装在规定尺寸范围内或未完成系统安装,扣10分 基本按照要求布置,部分部件超出规定范围,每个部件或管路扣2分 风机方向装错1个扣5分 2个组件不在230mm×230mm内扣5分,3个组件不在230mm×230mm内扣10分 室外机总体高度超过420mm扣5分 部件安装不牢固,扣1分(压缩机底座固定螺钉以手动旋动为准) 液体截止阀(液阀)和气体截止阀(气阀)直接安装在台面上扣5分 液体截止阀(液阀)和气体截止阀(气阀)未就近压力表安装扣2分 四通电磁换向阀装错扣10分 毛细管组件未直立安装扣2分 单向阀箭头朝下安装扣2分 两个T形管的接头没有平行安装或没有在压力表周边就近安装扣2分 排气管没有2个U形弯头扣3分 回气管没有4个U形弯头扣5分 管路相互碰触或者不平直每处扣2分 管道间隙不符合要求(管道相互接触)扣1分 多余毛细管没有做环形盘绕或环形内径小于35mm扣1分 喇叭口抽检不合格扣1分 管路中有压扁或变形每处扣1分 少套或者多套保温管扣1分 室内机与室外机连接管路水平段分离走管扣2分 室内机与室外机连接管路未包包扎带扣1分 该项最多扣40分	
空调制冷系统吹污和保压检漏(10分)	没有进行吹污操作扣3分 用制冷剂吹污或排除管路空气扣3分 吹污压力没有控制在0.3~0.4MPa范围内扣1分 空调试压压力没有控制在(0.9±0.05)MPa范围内扣1分 保压时间不足扣1分 未断开氮气与系统的连接扣1分 未按规定读取相应压力表数值扣1分 保压重做扣2分 未清理肥皂水扣1分 此项最多扣10分	
制冷系统抽真空(10分)	未按规定读取相应压力表数值扣1分 抽真空时间不足扣1分 管接错扣1分 真空度不达要求扣1分 真空保压时间不足扣2分 抽真空重做扣2分 此项最多扣10分	
空调系统充注制冷剂与调试运行(20分)	系统不能运行或未充注制冷剂扣10分 已完成制冷剂充注,系统已运行,有开始时间记录,无结束时间及参数记录扣5分 运行参数不达标,每个参数扣1分 该项最多扣20分	

（续）

评分内容及配比	评 分 标 准	得分
职业素质和安全操作(10分)	没有穿劳动部门认定的电工绝缘鞋扣2分 在操作过程中,在"装置"台面上拖动空调部件扣2分 在操作过程中,将材料、工具等放到他人场地扣2分 在操作中发出异常噪声扣5分 在操作过程中,将工具、材料、仪表放置在挂箱上扣2分 比赛结束后,操作台台面、挂箱上留有工具、多余材料等扣2分 比赛结束后未清理场地扣2分 该项最多扣10分	
违规扣分（10分）	申领T形管,扣10分/根 申领3/8in铜管,扣5分/根 申领φ6mm铜管,扣5分/根 申领气体截止阀(气阀),扣5分/个 申领液体截止阀(液阀),扣5分/个 在比赛过程中,因操作不当导致大量制冷剂泄漏扣10分 在比赛过程中,因操作不当导致触电扣10分 损坏压缩机,扣10分/台 损坏换热器,扣10分/台 损坏四通电磁换向阀,扣5分/件 损坏其他设施及系统零部件(除螺钉、螺母、平垫、弹垫外),扣2分/个 损坏工具、器具,扣5分/件 扰乱赛场秩序,干扰评委正常工作扣10分 该项最多扣10分	

课 后 习 题

一、填空题

1. 热泵空调系统的主要部件包括（   ）、（   ）、（   ）、室外预热器、视液镜、过滤器、毛细管节流组件、空调阀、室内换热器、气液分离器等。

2. 四通电磁阀是热泵型空调系统的关键控制部件,它通过（   ）控制（   ）,从而实现对空调器制冷、制热功能的转换。

3. 制冷管路系统连接一般分为（   ）和（   ）两种。

4. 为了避免管路的热损失和冷凝水的滴漏,必须使用合适的（   ）对连接管进行保温,保温层厚度不应小于（   ）。

5. 吹污一般使用（   ）或（   ）,也可用（   ）代替。

6. 常用的气密性检查方法有（   ）、（   ）、（   ）和（   ）。

7. 一般抽真空的方法有三种:（   ）、（   ）和（   ）。

8. 加注制冷剂的方法有两种:（   ）和（   ）。

二、简答题

1. 简述四通电磁阀的功能特点。

2. 简述气焊连接注意事项。

3. 高低压双侧抽真空法的优点有哪些?

4. 简述二次抽真空法和一次抽真空法的区别。

5. 简述分体式空调器运行调试注意事项。

课后习题答案

一、填空题

1. 压缩机,压力表,四通电磁阀

2. 电磁先导阀,四通主阀换向

3. 气焊连接,嗽叭口连接

4. 隔热材料,8mm

5. 压缩空气,氮气,制冷压缩机

6. 外观检漏法,肥皂水检漏法,卤素灯检漏法,电子检漏法

7. 低压单侧抽真空法,高低压双侧抽真空法,二次抽真空法

8. 注入液态制冷剂,注入气态制冷剂

二、简答题

1. 1) 采用四通先导阀控制四通主阀,换向可靠。

　2) 设有防止系统短路的特殊装置,系统工作更安全。

　3) 能瞬时换向并可在最小压差下动作,使经过四通阀的压降和泄漏降到最小。

　4) 电磁线圈采用热固性塑料密封,全封闭,防水效果好。

2. 1) 严格按照操作规程使用焊接设备。

　2) 焊接设备的使用应在专业教师的指导下进行。

　3) 氧气瓶严禁接触油和油污。

　4) 实训中焊好的铜管应统一堆放,以防烫伤或烫坏焊接橡胶管。

　5) 严禁将焊枪对准人或焊接设备、橡胶管。

　6) 焊接时,火焰要强,焊接速度要快。

　7) 焊接设备出现故障时应立即报告,不可自行拆修,更不可带故障工作。

　8) 现场应配备必要的消防器具。

3. 高低压双侧抽真空法克服了低压单侧抽真空法中毛细管流阻对高压侧真空度不利的影响,对制冷系统的性能有利,而且可适当缩短抽真空的时间。

4. 一次抽真空时,制冷剂高压部分的残余气体必须通过毛细管后才能抽出工艺管,由于受毛细管阻力的影响,抽真空时间加长,而且效果不理想;二次抽真空是一次抽真空后向系统充入制冷剂气体,使高压部分空气冲淡,剩余气体中的空气比例减小,从而可得到较理想的真空度。

5. 1) 确定所有检查点均已查清无问题后,方可开启机器,具体操作如下:

① 检查确认端子对地电阻应超过 $1M\Omega$,否则,应找到漏电处并修复后方可起动。

② 检查确认室外机截止阀已全开。

③ 确保主电源已接通 12h 以上，以保证加热器加热压缩机润滑油。

2）系统运行时，应注意下列情况：

① 不要接触排气端的任何部件。

② 不要按交流接触器按钮，否则将导致严重事故。

模块 4　空调器电路的连接及检修

4.1　电气维修工具

4.1.1　万用表

万用表是一种多用途、多量程的便携式电工仪表，可测量直流电流、直流电压、交流电压和电阻等，有些万用表还可以测量电容、功率、晶体管共射极直流放大系数。万用表分为模拟万用表和数字万用表两种，如图 4-1 和图 4-2 所示。

图 4-1　模拟万用表

图 4-2　数字万用表

1. 模拟万用表

（1）调零　使用模拟万用表前，首先需要进行机械调零，确保指针指在表盘左侧的零位上。若要测量电阻还要进行欧姆调零，即把红、黑两个表笔短接，通过调整欧姆调零旋钮，使指针指在表盘右侧的零位上。注意：换档后需要重新调零。

（2）正确连线　红表笔插入"＋"插口，黑表笔插入"－"插口，如测量 AC 2500V、DC 2500V 或 DC 5A 时，红表笔应插入标有"2500V"或"5A"的插口中。

测量电流时，万用表应该串联在被测电路中，注意：表笔要根据电流的方向接入，电流由红表笔流入，由黑表笔流出。

测量电压时，万用表应该并联在被测电路中，若测量的是直流电压，则红表笔接高电位，黑表笔接低电位，测量值从表盘上标有"V"所对应的标尺标记上确定。

测量电阻时要将电路断电，被测电阻的一端脱离电路，进行离线测量。严禁带电测量电阻,否则会损坏万用表。测量电阻时,应选择合适的档位;将红、黑表笔短接,调整零欧姆旋钮,使指针对准欧姆零位,然后进行测量;测量值从表盘上标有"Ω"所对应的标尺标记上确定,表盘读数应乘以相应档位的倍率才是实际测量值。

例如,档位选"×100",其测量值 $R = 50\Omega \times 100 = 5\text{k}\Omega$,如图 4-3 所示。

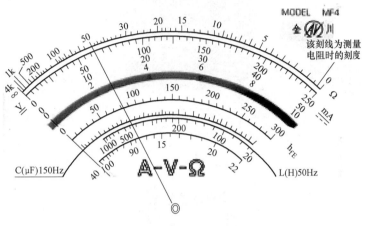

图 4-3　刻度盘

除以上主要测量功能外,模拟万用表还有其他测量功能,如电容、电感、音频电平、晶体管直流参数等,由于不常用,因此这里就不介绍了。

(3)档位选择。依据被测量物体的性质和大小,选择正确的档位。模拟万用表的常用档位如图 4-4 所示。

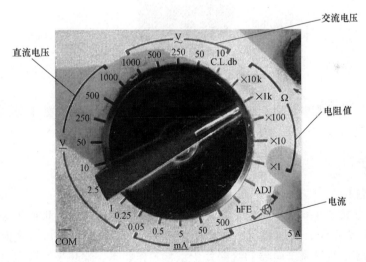

图 4-4　档位选择

2. 数字万用表

数字万用表无需调零,将开关置于"ON"位即可,其结构如图 4-5 所示。

(1)档位选择　数字万用表的档位选择方法与模拟万用表相同,对无法确定的测量值应先选择最大量程,再根据显示结果选择最佳量程。

(2)正确连线　测量电压和电阻时,红表笔插入"VΩ"插口,黑表笔插入"COM"插

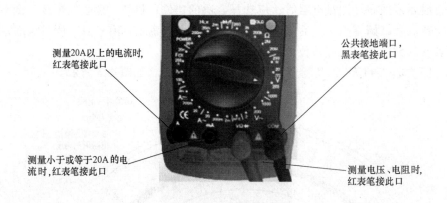

测量20A以上的电流时,
红表笔接此口

公共接地端口,
黑表笔接此口

测量小于或等于20A的电
流时,红表笔接此口

测量电压、电阻时,
红表笔接此口

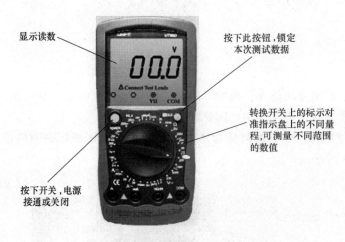

显示读数

按下此按钮,锁定
本次测试数据

转换开关上的标示对
准指示盘上的不同量
程,可测量 不同范围
的数值

按下开关,电源
接通或关闭

图 4-5　数字表结构

口；测量电流时，若被测电流大于 20A，则红表笔插入"A"插口，如果被测电流小于或等于 20A，则红表笔插入"mA"插口，黑表笔均插入"COM"插口。

4.1.2　兆欧表

1. 作用及结构

兆欧表的外形如图 4-6 所示，由于其大多采用手摇发电机供电，俗称摇表。兆欧表的标尺以兆欧（MΩ）为单位，其主要用途是检查电气设备、家用电器或电气线路对地及相间的绝缘电阻，以保证这些设备、电器和线路处于正常工作状态，避免发生触电伤亡及设备损坏等事故。

2. 使用方法

兆欧表由一个手摇发电机、表头和三个接线端（L、E、G）组成，其中 L 为线路端，E 为接地端，G 为保护环或称为屏蔽端。保护环的作用是消除外壳表面"L"与"E"接线端间的漏电和被测绝缘物表面漏电的影响。

测量前，兆欧表要水平放置，以避免摇动手柄时表身抖动而产生测量误差。左手按住表身，右手摇动兆欧表摇柄，转速为 120r/min，指针应指向无穷大，否则说明兆欧表有故障。测量时应切断被测电器及回路的电源，并对相关元件临时接地放电，以保证人身与兆欧表的安全和测量结果的准确性。

在测量电气设备对地绝缘电阻时，"L" 用单根导线接设备的待测部位，"E" 连接设备外壳；测量电气设备内两绕组间的绝缘电阻时，将 "L" 和 "E" 分别接两绕组的接线端；测量电缆的绝缘电阻时，为消除因表面漏电产生的误差，"L" 接线芯，"E" 接外壳，"G" 接线芯与外壳之间的绝缘层。

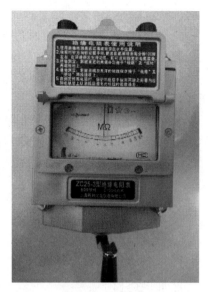

图 4-6　兆欧表

4.1.3　钳形电流表

1. 作用及结构

用普通电流表测量电流时，通常需要将电路切断停机后才能将电流表接入进行测量，这是很麻烦的，有时正常运行的电动机不允许这样做。此时，使用钳形电流表就显得方便多了，可以在不切断电路的情况下测量电流。

钳形电流表简称钳形表，其外部结构如图 4-7 所示。它的工作部分主要由一只电磁式电流表和穿心式电流互感器组成。穿心式电流互感器的铁心制成活动开口，且呈钳形，故名钳形电流表。钳形电流表是一种不需断开电路就可直接测量电路交流电流的便携式仪表，其内部结构如图 4-8 所示。

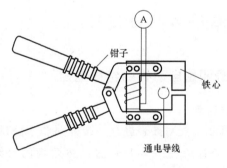

图 4-7　钳形电流表的外部结构

2. 使用方法

1）测量时用手捏紧扳手即张开，被测载流导线的位置应放在钳口中间，以防止产生测量误差，然后放开扳手，使铁心闭合，表头即有指示。

2）测量时应先估算被测电流或电压的大小，选择合适的量程或先选用较大的量程进行测量，然后再根据被测电流、电压的大小减小量程，使读数超过标尺的 1/2，以便得到较准确的读数。

3）为使读数准确，钳口的两个面应保证良好的接合，如有杂声，可将钳口重新开合一次，若杂声依旧存在，就要检查接合面是否有污物，如果有污物，可用汽油擦干净。

4）测量完毕后，要把调节旋钮置于最大电流量程位置，以防止下次使用时因超过量程而损坏仪器。

5）测量较小的电流时，可把导线多绕几圈放在钳口处，如图4-9所示。实际电流值应为钳形电流表的读数除以放进钳口内导线的根数。

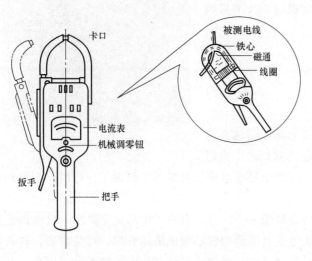

图 4-8 钳形电流表的内部结构

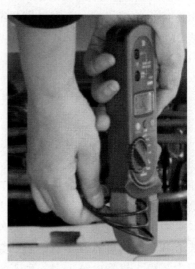

图 4-9 小电流的测量方法

4.2 电气维修工具的使用

4.2.1 兆欧表测量电动机的绝缘电阻

1. 测量前的检查

如图4-10所示，先对摇表进行一次开路和短路试验，检查其是否良好。先将两连线开路，摇动手柄，指针应在"∞"位置；然后将两接线短路，轻轻摇动手柄，指针应指向"0"，否则说明摇表有故障。被测电动机表面应清洁、干燥；测量前必须切断电源，并将其放电，防止发生人身和设备事故，也可以得到比较准确的测量值。

2. 测量过程

把兆欧表放平稳，L端接电动机的运行端R，E端接外壳；摇动手柄，速度由慢逐渐加快，维持在120r/min附近。若电动机短路，指针指向"0"，则应立即停止摇手柄，以防烧坏兆欧表。

3. 记录

当摇表转速稳定在120r/min后，即可读取测量结果；然后分别测量起动端S，公共端C与外壳的绝缘电阻，如图4-11所示。

图 4-10　测量前的检查

图 4-11　S 端与 C 端的位置

4.2.2　钳形电流表测电动机空载电流

1. 测量前的准备

测量前先将电动机与电源连接好，如图 4-12 所示。

2. 测量过程

1）测量前先选择合适的量程，若无法估计，则先用较大的量程进行测量，然后根据被测电流的大小逐步换成合适的量程。

图 4-12　连接电源

2）合上电源开关，测量时被测载流导线应放在钳口内的中心位置，如图 4-13 所示。若量程选得太大，指针不动，应把被测导线移出钳口后转换开关，如图 4-14 所示；逐步减小量程，直至测出准确的电流值。钳口的两个面应保证接合良好，如有杂声，可将钳口重新开合一次，若杂声依旧存在，就要检查接合面上是否有污物，如果有污物，可用汽油擦干净。读出电流值，断开电源开关。

3）测量完毕后，应将调节旋钮置于最大电流量程位置，以防止下次使用时超过量程而损坏仪器。

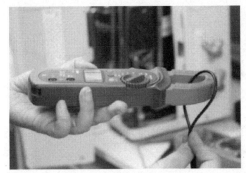

图 4-13　导线放置位置

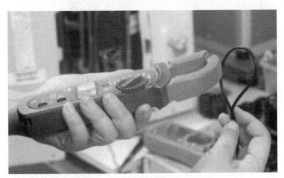

图 4-14　将导线移出钳口

4.3 空调器电路的连接与维修

4.3.1 空调器电路的连接

下面以海尔壁挂式空调为例，介绍空调器电路的连接方法。空调器电路实物图如 4-15 所示。

1. 室内机电路

室内机电路主要由控制电路板、遥控器接收和指示灯电路板、电源电路板以及外接的室温感温器、管温感温器、送风风扇电动机、室内机风扇电动机、变压器等组成。

送风风扇驱动电动机的引线位于电源电路板上，一般连接插头是按照颜色、大小一一对应的，如图 4-16 所示。

图 4-15 空调器电路实物图

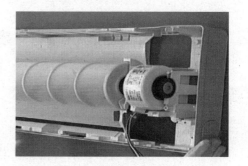

图 4-16 送风风扇驱动电动机的引线

室内机风扇电动机有两组引线与电源电路板相连，其中，蓝、红、黄组引线是供电插座，黑、白、茶组引线是风扇电动机速度检测插座，如图 4-17 所示。

室温感温器和管温感温器的作用是感知工作温度，并将其传给系统控制集成电路，其实物图如图 4-18 所示。

图 4-17 风扇电动机的引线

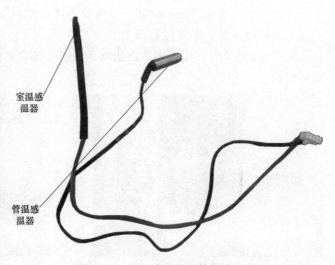

室温感温器

管温感温器

图 4-18 室温感温器和管温感温器

　　室温感温器与系统控制电路相连，其感温头一般安装在蒸发器的表面（图4-19），用来检测房间温度。管温感温器大部分安装在蒸发器的管路里（图4-20），多用卡子固定在铜管中，主要检测蒸发器管路的温度。室温感温器和管温感温器检测的温度送到控制电路中，就能确定空调器目前的工作状态。

图4-19　室温感温器的安放位置

图4-20　管温感温器的安放位置

　　遥控器接收和指示灯电路板位于室内机正前方，其位置如图4-21所示，实物如图4-22所示，它们分别与控制电路板相连。

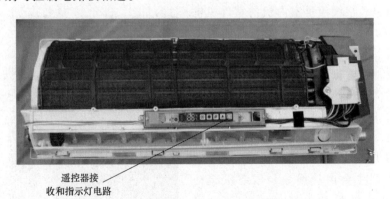

图4-21　遥控器接收和指示灯电路板的位置

　　电源电路板位于空调器的内侧，如图4-23所示，上面分别有风扇电动机的2个插座、送风风扇驱动电动机插座、接线盒插座，压缩机连接2个插座，变压器连接2个插座。

　　控制电路板在机器的右下方，如图4-24所示，其上有遥控器的信号接收电路插座、室

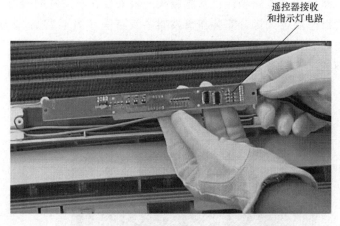

图 4-22　遥控器接收与指示灯电路板实物

温感温器和管温感温器插座。

图 4-23　电源电路板

图 4-24　控制电路板

　　室外输出引线接线板是室内机向室外机输出电压的接口。室内电源接线板的结构如图4-25所示，其下面的一排引线都是与室外机相连的输出引线，室内机与室外机间有两组控制引线，较粗的（即1、2端）一组为压缩机供电，较细的（3、4端）一组为四通电磁换向阀和风扇供电。

2. 室外机电路

　　室外机电路主要由接线盒、压缩机起动电容、风扇电动机起动电容（图4-26）组成。其接线盒与室内机相似，上面一排较粗的（即1、2端）一组为压缩机供电，较细的

图 4-25　室内电源接线板

（3、4端）一组为四通换向阀和风扇供电，如图4-27所示。下面一排分别与室内机对应连接。

4.3.2　空调器电路的维修

1. 室外压缩机不运转

（1）检查输入电源电路　打开室外机电源接线盒，如图 4-28 所示，查看各接点的触头是否完好，插头是否紧合，有无损坏。

图 4-26　压缩机起动电容、风扇电动机起动电容

图 4-27　室外电源接线板

图 4-28　室外机电源接线盒

若上述检查一切正常，则用万用表测量 1（L）和 2（N）之间的电压是否为 220V，如图 4-29 所示。

（2）检测压缩机的直流电阻　压缩机接线端子保护盖如图 4-30 所示，取下保护盖后如图 4-31 所示。

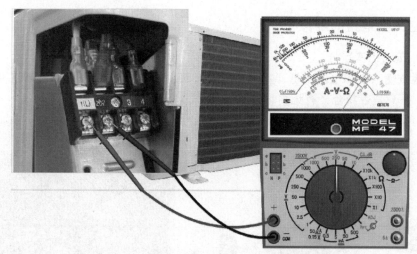

图 4-29　测量 1（L）和 2（N）之间的电压

压缩机接线
端子保护盖

图 4-30　压缩机接线端子保护盖

图 4-31　取下保护盖后的内部

　　将万用表调至 R×1Ω 档，并调零，测量起动端、公共端、运行端三者间的阻值。R 与 C 间的阻值为 4Ω，如图 4-32 所示；S 与 C 间的阻值为 5Ω，如图 4-33 所示；R 与 S 间的阻值

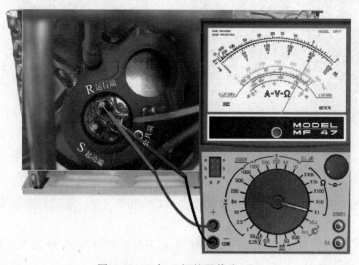

图 4-32　R 与 C 间的阻值为 4Ω

为9Ω，如图4-34所示。

（3）检测压缩机的起动电容 拆下起动电容，用1kΩ的电阻放电，如图4-35所示；将万用表调至R×1k档，测量判断电容是否正常，测量结果如图4-36所示，很显然电容开路了。需要换上新电容，再试机，压缩机正常运转。

（4）检测压缩机的热保护继电器 如果上一步骤测得起动电容未开路，则说明电容没有问题，就应该查看热保护继电器。取下热保护继电器，用万用表的R×1k档，测

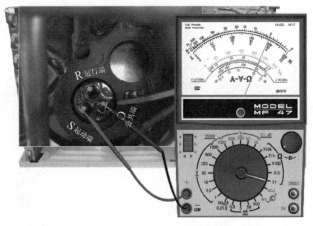

图4-33　S与C间的阻值为5Ω

量热保护继电器。测量结果是热保护继电器开路了，如图4-37所示。更换热保护继电器，压缩机工作正常。

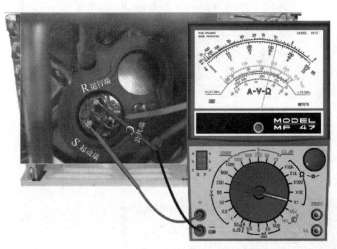

图4-34　R与S之间的阻值为9Ω

图4-35　1kΩ电阻对起动电容放电

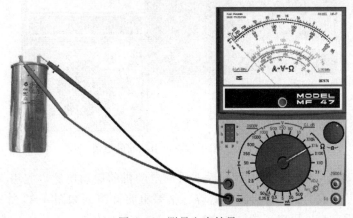

图4-36　测量电容结果

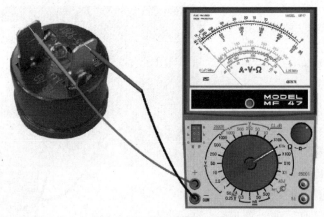

图 4-37　测量热保护继电器

2. 室外机风扇不运转

（1）检测输入电源电路　打开室外机电源接线板，查看各接点的触头是否完好，插头是否紧合，有无损坏。若无以上情况，用万用表测量 2 和 4 间的电压是否为 220V，如图 4-38 所示。

（2）检测风扇电动机的直流电阻用万用表 R×10 档测量风扇黑色、茶色、白色引线间的电阻值，黑色与白色引线间的阻值为 200Ω，如图 4-39 所示；茶色与黑色引线间的阻值为 300Ω，如图 4-40 所示；茶色与白色引线间的阻值为 500Ω，如图 4-41 所示。

图 4-38　测量 2 和 4 间的电压

图 4-39　黑色与白色引线间的阻值

（3）检测风扇电动机的起动电容　拆下风扇电动机的起动电容，先用 1kΩ 的电阻对电容放电，然后用万用表的 R×1k 档测量电容，结果电容开路，如图 4-42 所示，说明电容损坏。更换新电容后，室外风扇正常转动。

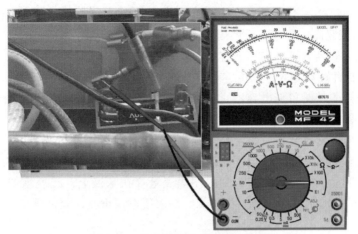

图 4-40　茶色与黑色引线间的阻值

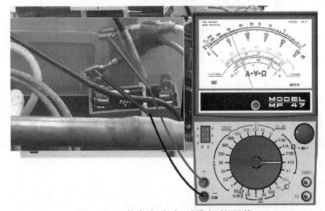

图 4-41　茶色与白色引线间的阻值

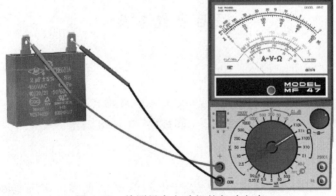

图 4-42　检测风扇电动机的起动电容

课 后 习 题

一、填空题

1. 当电阻器的功率大于 10W 时，应保证有（　　　　）。

2. 用万用表电阻档测电容，指针顺时针方向跳动一下，然后逐渐逆时针方向复原退至 $R=\infty$ 处。如果不能复原，则稳定后的读数表示电容器的（　　　）。

3. 用万用表电阻档判别电容器的容量，用表笔接触电容器的两引脚时，指针先是一跳，然后逐渐复原，指针跳动越大，其电容量（　　　）。（越大、越小）

4. 用万用表电阻档测可变电容器，旋转电容器动片至某一位置时，指针指向 0，说明可变电容器动片与定片之间（　　　）。

5. 测量电阻时，选择开关应置于合适的档位，使指针停留在（　　　）。

6. 电阻器的标称值和偏差一般都标志在电阻体上，最常用的标志方法为（　　　）。

7. 用万用表测量晶体管的类型，如果用黑表笔接在基极上，红表笔依次接另外两个引脚时，表针指示的两次阻值都很小；再将黑、红表笔对调重测，表针所指示的两次阻值都很大，那么该管为（　　　）。

8. 用万用表判断二极管的质量，若测得正、反向电阻均接近于无穷大，则说明管子内部已（　　　）。

9. 二极管替换应尽量选择（　　　）。

10. 具有电阻性能的实体元件称为（　　　）。

二、简答题

1. 如何用模拟万用表和数字万用表测量 $1k\Omega$ 的电阻？
2. 简述兆欧表的使用方法。
3. 简述钳形电流表的使用方法。
4. 简述数字万用表的使用步骤。
5. 简述空调器室外压缩机不运转故障的检修过程。

课后习题答案

一、填空题

1. 足够的散热空间　2. 漏电阻值　3. 越大　4. 有碰片现象　5. 中心阻值附近　6. 色标法　7. NPN 型管　8. 断路　9. 同型号，同规格　10. 电阻器

二、简答题

1. 模拟万用表：万用表量程选择开关置于 R×10k 档，调零，将表笔测试端并联到被测电阻上，读数乘以 10 就是被测电阻值。

数字万用表：万用表量程选择开关选择电阻档，将表笔线的测试端并联到被测电阻上，被测电阻值将同时显示在显示屏上。

2. 1）测量前，应将兆欧表保持水平位置，左手按住表身，右手摇动兆欧表摇柄，转速约为 120r/min，指针应指向无穷大（∞），否则说明兆欧表有故障。

2）测量前，应切断被测电器及回路的电源，并对相关元件进行临时接地放电，以保证人身安全与兆欧表的安全和测量结果的准确性。

3）测量时必须正确接线。兆欧表共有 3 个接线端（L、E、G），测量回路对地电阻时，L 端与回路的裸露导体连接，E 端连接接地线或金属外壳；测量回路的绝缘电阻时，回路的首端与尾端分别与 L、E 连接；测量电缆的绝缘电阻时，为防止电缆表面泄漏电流对测量精度产生影响，应将电缆的屏蔽层接至 G 端。

3. 使用时将量程开关转到合适位置，手持胶木手柄，用食指勾紧铁心开关，可打开铁心，将被测导线从铁心缺口引入铁心中央，然后，食指放松铁心开关，铁心就自动闭合，被测导线的电流就在铁心中产生交变磁力线，表上即感应出电流，可直接读数。

4.（1）测量电压　测量电压时，选择适当量程，如果测量的是直流电压，则置于直流电压档 V-（DCV）；如果测量的是交流电压，则置于交流电压档 V~（ACV）。将红表笔插入 VΩ 孔，黑表笔插入 COM 孔，然后并联进电路测量电压，如果不知道被测信号有多大，则选择最大量程进行测量。

（2）测量电流　测量直流电时不必考虑正、负极，根据被测电流大小选择插孔。测量小电流时，将红表笔插入 mA 孔，黑表笔插入 COM 孔，然后将红、黑表笔串联进电路中测量电流，如果测量结果为"1"，则说明过量程，需要增大量程测量。测量大电流时，将红表笔插入 10A 或 20A 孔，黑表笔插入 COM 孔，此时一定要注意时间，正确测量时间为 10~15s，如果长时间测量，由于电流档的康铜或锰铜会分流电阻，过热将引起阻值变化，从而将引起测量误差。

（3）测量电阻　测量电阻时，首先将万用表置于电阻档并选择适当量程，如果不知道被测电阻阻值，则选择最大量程。然后将红表笔插入 VΩ 孔，黑表笔插入 COM 孔，然后将红、黑表笔接在电阻的两端，不分正、负极（因为电阻没有正、负极之分），如果万用表显示"1"，则使用最大档测量一遍。注意：测量电阻时，首先短接表笔测出表笔线的电阻值，一般为 0.1~0.3Ω，不能超过 0.5Ω，否则说明 9V 电池，即万用表电源电压（9V）偏低，或者刀盘与电路板接触松动；测量时不要用手去握表笔金属部分，以免引入人体电阻而引起测量误差。

（4）测量二极管　测量二极管时使用二极管档，数字表二极管档的 VΩ 和 COM 孔的开路电压为 2.8V 左右，将红表笔插入 VΩ 孔，黑表笔插入 COM 孔，将红表笔接二极管正极，黑表笔接负极，测量出正向电阻值，反之为测量二极管的反向电阻值。因为在数字表里红表笔接触内部电池正极带正电，而黑表笔接触内部电池负极带负电，如果正向电阻值为 300~600Ω，反向电阻值大于 1000Ω，则说明二极管正常；如果正、反向电阻值均为"1"，则说明二极管开路；如果正、反向电阻值均为"0"，则说明二极管击穿；如果正、反向电阻值相差不多；则说明二极管质量差。

5.（1）高压过高导致过热的原因及排除

1）制冷剂过多：适当减少制冷剂量。

2）散热不良：检查散热风扇是否转动，冷凝管是否有尘垢，清洗冷凝器。

3）管路系统堵塞：参照压力表判断，排除堵塞。

4）蒸发器或滤网积尘结垢：积垢会导致气流变小，使系统压力及温度失恒，应清洗蒸发器或滤网。

5）缺氟：缺氟时，压缩机排气温度会过高，使过热负载保护开关跳脱。

（2）电路方面的问题

1）控制电路板故障。

2）温度传感器过载，信息错误。

3）电源接线松脱，接触不良。

4）启动电容器或压缩机启动线圈烧毁。

模块 5　空调器故障诊断与维修

5.1　空调器使用注意事项

5.1.1　操作要点

1）适当地调整室内温度，不要盲目追求低温，低温不利于健康。

2）不要使阳光和热气进入室内，玻璃窗上要挂双层白色窗帘。

3）充分地利用定时器，使空调器仅在必要时才运转。

4）室内不要有热源，如电热器等。

5）定期清洗或更换空气过滤器，视具体使用情况而定。

6）正确调节空调器的送风方向，以获得均匀的室温。

7）定期检查或更换遥控器的电池，正确使用无线遥控器，在有效范围内使用，避免外界信号干扰。

5.1.2　使用遥控器的注意事项

1）不要将遥控器放在电热毯或取暖炉等高温物体的旁边。

2）不要在空调器和遥控器之间放置障碍物。

3）不要使水等液体溅到遥控器上。

4）不要将遥控器放在阳光直射的地方。

5）操作时要小心，避免使遥控器受强外力碰撞。

6）不要在遥控器上压放重物。

7）遥控器失灵时应进行如下检查：①是否忘记按下有关的操作按钮（应重复一次）；②电池是否没电（换上电池后重复操作一次）；③若遥控器确实不灵，应检查其故障，在未排除故障以前应改用手动方式应急运转起动空调器。

8）若将遥控器固定在墙壁上或架子上，应先检查一下这种方式是否能正常地接收遥控信号后再安装遥控器。从遥控器固定架子上取下遥控器时，应沿上下方向滑动取出。

9）当缺电报警或传送信号不发声音、指示器显示不清或无显示时，应更换新的电池。

注意：新、旧电池不可混用。

10）长时间不使用遥控器时应将电池取出。

5.1.3　家用空调器省电方法

1）室内外温差太大时，易导致人体不适且耗电，夏天若温度调高 1℃ 或冬天温度调低 2℃，可节省 10% 的电能。

2）夏季制冷时，若能利用电风扇辅助吹风，可以降低人的体温，电风扇的耗电量仅为空调器的 1/30。

3）当分体式空调器的制冷量在 3550kCal/h 以下时，比窗式空调器节省能源。

4）一拖一分体式空调器的耗电量比一拖二等空调器省电。

5）有效使用定时器，提早关闭空调。睡觉前或外出前，有效地使用定时器或睡眠开关，可避免浪费电力。例如，下班前 10min 关闭空调器，30min 前关闭暖气机可节省 2%～6%的电能。

6）避免阳光直射和外界空气侵入或冷（暖）气外溢可节省能源；空气过滤网堵塞时，空调通风量减少，效果降低，若平均两周清洗一次过滤网，可省 6%的电能。

7）正确使用空调器不仅效果好而且耗电少，应将使用说明书中的条款事项牢记在心，按要求操作。

5.2　家用空调器的保养

家用空调器的维护与保养主要有以下内容：

1）若机体外壳积有灰尘或污物，擦洗时不要使用汽油、抛光粉、化学处理布、清洁剂等，也不要直接对空调器使用喷雾型杀虫剂。

2）使用前后应检查螺钉、垫圈等有无松动，若松动用扳手或螺钉旋具固定好。

3）过滤网要经常清洗，可每两周清洗一次，在灰尘多的环境下要清洗多次。

4）不要把暖气设备或其他热源置于空调器室内机组旁边，否则会使面板受热变形或遥控系统失灵。

5）不要让儿童操作遥控器，这样易引起机器误动作而影响其工作性能。

6）空调器在使用过程中，当外电路停电时，应把空调器的主电源开关置于关闭位置，空调器停止工作时，必须切断电源。

7）空调器工作时，不要把棒或类似的物体伸入进、出风口，以免碰上高速运转的风叶及其他机件而损坏机器或发生触电等事故。不要在超过允许工作电压的情况下使用空调器。

8）清洗空调器时不要向机内泼水，不要将盛有水的容器放在空调器上面。

9）开启空调器前要检查以下事项：

① 是否有障碍物挡住室内、外机组的空气出、入口处。

② 过滤网处是否有灰尘堵塞。

③ 整机是否安装正确。

④ 出水管是否弯曲或堵塞。

10）长期停机时要注意以下事项：

① 环境干燥时，应让空调器通风 4h，以使空调内部干燥。

② 清洗过滤网和其他零件。

③ 拔掉空调器电源插头。

5.3　空调器常见故障的检修

5.3.1　制冷剂不足

1. 故障现象

制冷效果差，出风口空气仅微凉，用压力表检查发现高、低压侧压力均低，同时从视液镜中可见气泡流动。

2. 故障原因

制冷系统有制冷剂泄漏点，导致制冷剂不足。

3. 处理方法

1）用电子检漏仪查出泄漏点并进行修理或更换部件。

2）若未更换部件，则仅适量补充制冷剂即可；若更换部件，则应按要求补加适量冷冻油，并对系统抽真空后加足制冷剂。

5.3.2　制冷剂加注过多

1. 故障现象

制冷效果差，用压力表检查时发现高、低压侧压力均过高，且视液镜中见不到气泡流动。

2. 故障原因

制冷系统内制冷剂加注过多，使制冷能力不能充分发挥，导致制冷效果差。

3. 处理方法

在系统中接入压力表，缓缓拧松压力表低压侧手动阀，使制冷剂排出（不能从高压侧排出，因为从高压侧放制冷剂会带出大量冷冻油），直到高、低侧压力正常，同时从视液镜中可看到制冷剂清晰流动，且偶尔有气泡流过。

5.3.3　制冷系统中混入空气

1. 故障现象

制冷能力下降；用压力表检查时发现高压侧压力偏高，低压侧压力有时也会高于正常值；另一方面，从视液镜中可看到许多气泡流动。

2. 故障原因

系统中混入空气：主要是组装后抽真空不彻底；充注制冷剂或加冷冻油时，将空气带入系统，或系统负压工作时，通过不严密处混入空气。制冷剂中有空气进入后，具有了一定的压力，而制冷剂也具有一定的压力，在一个密闭容器内，气体总压力等于各分压力之和，所以高、低压表读数均高于正常值。

3. 处理方法

1）放出制冷剂（用压力表从低压侧放出）。

2）检查压缩机油的清洁度。

3）抽真空后重新加注制冷剂。

5.3.4　制冷系统冰堵现象

1. 故障现象

制冷系统周期性地忽而制冷，忽而不制冷，在运行过程中，压力表低压侧的指针经常在负压与正常值之间波动。

2. 故障原因

制冷系统内的制冷剂中混入水分，因水分与制冷剂是不相溶的，当制冷剂流经膨胀阀的节流小孔时，温度骤然下降，这些混合在制冷剂中的水分就容易在节流阀小孔或阀针孔附近结成颗粒很小的冰粒，呈球状或半球状，当冰粒结到一定程度时，便会阻塞节流通道，形成冰堵故障。当结冰产生冰堵后，制冷系统将不能正常工作，制冷效果明显下降，甚至不制冷。此时，低压表出现负压，于是冰堵处温度明显回升，冰堵的冰粒融化成水，使冰堵现象消失，制冷系统又恢复正常工作，制冷良好，低压侧压力恢复正常。一会儿系统又出现冰堵，系统工作不正常。

3. 处理方法

1）因为干燥剂处于过饱和状态，所以必须更换带有干燥剂的储液器，并加 30mL 的冷冻油。

2）对系统抽真空，并加入规定量的制冷剂。

5.3.5　制冷系统脏堵

1. 故障现象

制冷效果差或不制冷。空调系统运行时，压力表上高、低压表的读数均小于正常值，且储液器及膨胀阀前后管路上有结霜或结露现象。

2. 故障原因

制冷系统中的灰尘粘结或附着于膨胀阀进口端滤网处或储液器内过滤网处，使得此位置形成局部节流现象，温度迅速下降，出现结露或结霜现象。

3. 处理方法

1）若是储液器处结露或结霜，需要更换储液器并补加 30mL 的冷冻油，然后抽真空，并加注规定量的制冷剂。

2）若是膨胀阀进口处有结霜现象，又听到断断续续的气流声，用小扳手轻击膨胀阀体，气流声有所改变，同时膨胀阀节流孔前霜层融化，则可判断膨胀阀进口滤网堵塞。此时应采取以下措施：

① 拆下膨胀阀，清洗滤网并吹干后将其重新装上。

② 更换储液器，并加入 30mL 的冷冻油。

③ 抽真空，加注制冷剂到规定量。

5.3.6　系统高、低压管路的压力均过高

1. 故障原因

1）制冷剂过多。

2）系统管路内混有空气。

3）冷凝器散热不良。

2. 处理方法

1）若制冷剂过多，应从低压侧放掉适量制冷剂。

2）若系统管路内混有空气，应放掉制冷剂，重新抽真空并加注制冷剂。

3）若冷凝器散热片变形倒伏，应梳顺或更换。

4）若冷凝器散热片脏堵，应清洗。

5）若冷凝风机继电器损坏，应检查并更换。

6）若冷凝风机有损坏，应检修或更换。

7）若接线接触不良，应检查并修理。

5.3.7 压缩机压缩不良

1. 故障现象

不制冷或制冷效果极差；用压力表检查低压侧压力偏高、高压侧压力偏低，在压缩机转速为 2000r/min 左右，环境温度为 35℃ 左右时，低压表读数高于 $3.5kg/cm^2$，高压表读数低于 $10kg/cm^2$，而且压缩机表面温度异常高，尤其是关掉空调后，高、低压侧压力很快平衡（约 1min 内）。

2. 故障原因

压缩机的排气阀片有损坏、泄漏；或者活塞、活塞环处损坏、泄漏，导致压缩机工作不良，进而使制冷效果极差或不制冷。

3. 处理办法

1）更换压缩机，同时更换储液器。

2）若条件许可，可将压缩机分解并进行修理。

5.3.8 系统高、低压侧压力均过低

1. 故障原因

1）制冷剂不足。

2）储液器堵塞。

3）膨胀阀堵塞。

2. 处理方法

1）若制冷剂不足，应检查泄漏处，修复后再补加制冷剂。

2）若储液器堵塞，应更换储液器，同时补加 30mL 冷冻油（与压缩机用油牌号相同）。

3）若膨胀阀堵塞，应区分脏堵与冰堵情况并分别处理。

5.4 空调器故障判断流程

5.4.1 室外风机故障

室外风机故障诊断流程如图 5-1 所示。

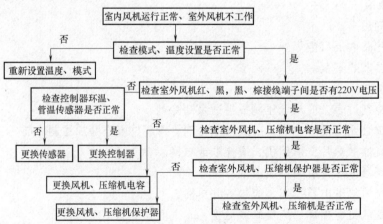

图 5-1 室外风机故障诊断流程

5.4.2　压缩机故障

压缩机故障诊断流程如图 5-2 所示。

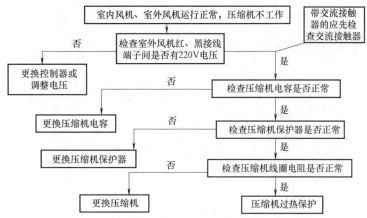

图 5-2　压缩机故障诊断流程

5.4.3　压缩机过热保护

压缩机过热保护故障诊断流程如图 5-3 所示。

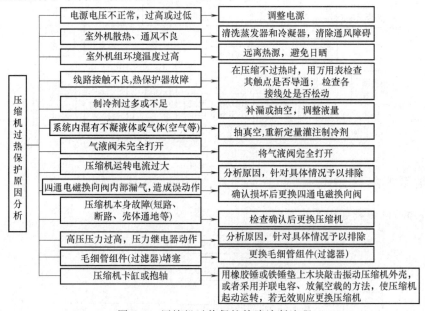

图 5-3　压缩机过热保护故障诊断流程

5.4.4　整机不工作

整机不工作故障诊断流程如图 5-4 所示。

5.4.5　不制冷

不制冷故障诊断流程如图 5-5 所示。

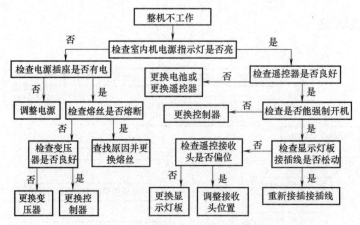

图 5-4　整机不工作故障诊断流程

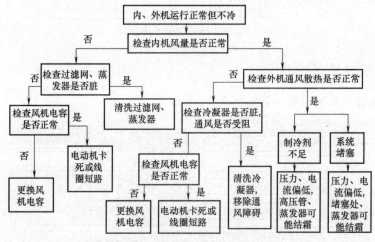

图 5-5　不制冷故障诊断流程

5.4.6　结霜现象

结霜故障诊断流程如图 5-6 所示。

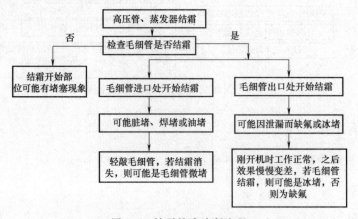

图 5-6　结霜故障诊断流程

5.5   空调器故障检修案例

5.5.1   案例一

1. 故障现象

一台空调开机运行 20min 后制冷效果差。

2. 检修方法

1）观察外机，发现毛细管有结霜现象，如图 5-7 所示，初步怀疑故障原因是缺少制冷剂。

2）连接压力表，测量低压压力为 0.2MPa，低于标准压力值，如图 5-8 所示。

3）将空调器调整为制热状态，测量压力为 14 个表压，制热正常，如图 5-9 所示。说明不缺少制冷剂，由此可确定故障原因为油堵。油堵一般发生在毛细管处，多有结霜现象。

图 5-7   毛细管结霜

图 5-8   压力低于正常值

图 5-9   读取压力值

4）此类故障可以利用空调器制冷、制热时制冷剂流向相反的原理把油吸回，经过开机、制冷、制热几次反复的操作，毛细管结霜现象消失，空调器制冷恢复正常。

5.5.2   案例二

1. 故障现象

一台空调刚开机时制冷正常，运行 1h 后不制冷。

2. 检修方法

1）一般来说，空调出现不制冷现象后，应先观察室内机和室外机的工作情况，发现室内机无冷风吹出，再摸室外机冷凝器，发现冷凝器不热，如图 5-10 所示。

2）切断电源，打开外机盖，再开机观察，发现压缩机不工作，如图 5-11 所示。

图 5-10　检查冷凝器温度

图 5-11　开机观察

3）再次切断电源，打开室内机计算机控制板，检查室内机温度传感器阻值，经测量阻值为 13kΩ，在正常范围内，如图 5-12 所示。

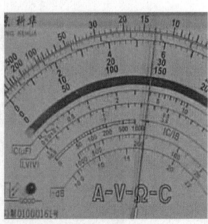
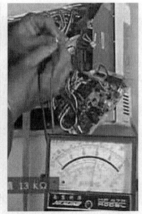

图 5-12　测量阻值

4）经检查计算机控制板接插件都正常后，测量压缩机各管脚阻值，起动绕组阻值为 7.5Ω，运行绕组阻值为 3.5Ω，起动绕组与运行绕组两端的阻值为 11Ω，说明绕组正常，如图 5-13 所示。

5）检测管路系统是否缺少制冷剂。将空调强制开机，测量管路系统压力，经检测压力正常，说明不缺少制冷剂。

6）用钳形电流表检测运行电流（图5-14），电流为 4.3A，数值偏大。

7）用万用表测量运转电容是否开路，经测

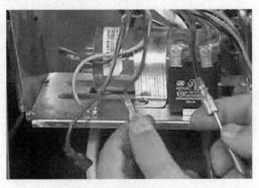

图 5-13　测量运行绕组

量万用表指针有起伏回落动作，说明电容没有开路。

8）为进一步测量是压缩机故障还是起动电容故障，先更换一只同样容量的运转电容（更换电容时，应注意压缩机接线端与电容管脚的接线顺序，不要接错，避免扩大故障范围），再测量运转电流为3A左右，与空调的标称值相同。说明故障是由运转电容容量下降引起的，空调开机1h后，压缩机运转正常，制冷效果较好。

图 5-14　测量运行电流

5.5.3　案例三

1. 故障现象

一台空调制冷 30min 后出现停机现象。

2. 检修方法

1）设置空调制冷运行，检查空调制冷效果正常，温度设置正确；测量运行电流为 3.2A，电流正常，如图 5-15 所示；测量运行压力为 4 个表压，压力也正常，如图 5-16 所示。

图 5-15　测量电流　　　　　　　　　　　　图 5-16　测量压力

2）观察运行情况，运行约 10min 后，外机停机，内风机运转。维修时首先切断电源，检查内机计算机控制板接线是否正确（图 5-17），如果接线无误，则检查温度传感器（图 5-18），阻值为 12kΩ，在正常范围内。

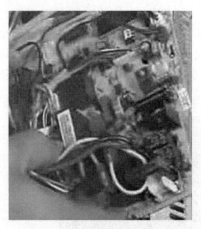

图 5-17　检查计算机控制板

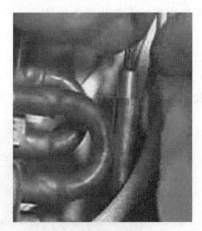

图 5-18　检查温度传感器

3）检查感温传感器（图 5-19），发现阻值高达 29kΩ，而正常值为 10kΩ 左右，说明感温传感器故障。更换感温传感器后，空调恢复正常。

注意：如果没有替代的感温传感器，可暂时在计算机控制板的插线两端并联一个 10kΩ 的电阻进行应急检修判断，如图 5-20 所示。

图 5-19　阻值偏高

图 5-20　并联电阻

5.5.4　案例四

1. 故障现象

一台空调，用户反映打开空调后很快就停机。

2. 检修方法

1）因为这台空调已使用多年，所以应先检查电源电压，测量电源电压为 207V，数值正常（图 5-21）；测量计算机控制板电压为 5V，数值正常（图 5-22）。

2）重新起动空调，发现故障还是存在，并且能够明显地听到压缩机继电器一吸合就断开的声音，怀疑是继电器控制电路故障，通过

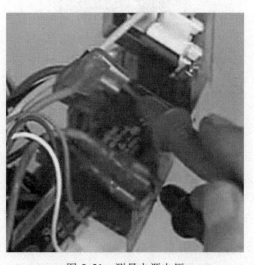

图 5-21　测量电源电压

测量发现继电器控制电压为 8V（图 5-23），而正常值为 12V，说明继电器控制电路存在故障。

图 5-22　测量计算机电压

图 5-23　测量继电器控制电压

3）进一步测量交流电输入电压为 11V（图 5-24），而正常值为 14V，说明输入电压不正常。

4）最后确定是整流滤波电路故障，经测量发现电源滤波电容失效，更换同型号的新滤波电容并将其焊好，开机运行，空调运转良好。

5.5.5　案例五

1. 故障现象

一台空调开机制冷时，出现制热状态。

2. 检修方法

1）开机检查空调运行状态，经检查空调处于制冷状态，但室内机吹出的是热风。

图 5-24　测量交流电输入电压

2）打开室内机盖，测量内机接线端子 2、3 之间无 220V 电压，如图 5-25 所示，说明内机电路板工作正常。

3）检查发现故障出在四通电磁换向阀上，其阀芯未复位，仍处于制热状态。

4）为了进一步确定故障，再打开室外机盖，测量室外机接线端子间无 220V 电压，如图 5-26 所示，由此可确定四通电磁换向阀未复位。

5）切断电源，打开室外机壳，轻敲四通电磁换向阀阀体，如图 5-27 所示。再次试运行，制冷效果正常，运转良好。

图 5-25　检查接线端子间电压

103

图 5-26　检测接线端子间电压

图 5-27　轻敲四通电磁换向阀

5.5.6　家用空调器主要零部件的检测

1. 继电器

（1）主要功能　继电器用 RL 表示，用于控制压缩机、电动机、电加热等部件的开停，这些部件是否有运转信号，均取决于继电器。

（2）检测工具　万用表。

（3）检测方法

1）检测其线圈 1、2 脚的阻值（线圈的阻值一般为 150~180Ω，四通阀继电器线圈的阻值为 500~700Ω），如阻值为无穷大，则表示继电器线圈开路。

2）常开继电器表面的两个接点在正常情况下是不导通的，如两接点在通电的情况下导通，则表示继电器触点粘连，应予以更换。

3）继电器的工作电压为 12V，如计算机控制板在接到运转信号后，继电器不吸合，则可检测继电器 1、2 脚是否有工作电压。

2. 晶闸管

（1）主要功能　晶闸管用 SR1 和 SR2 表示，用于控制室内、外电动机的运转及调速。

（2）检测工具　万用表或目测。

（3）检测方法

1）单向晶闸管的检测。万用表选电阻 R×1Ω 档，用红、黑表笔分别测量任意两引脚间正、反向电阻，直至找出读数为数十欧姆的一对引脚，此时黑表笔的引脚为门极 G，红表笔的引脚为阴极 K，另一空脚为阳极 A。将黑表笔接已判断了的阳极 A，红表笔仍接阴极 K，此时万用表指针应不动。用短线瞬间短接阳极 A 和门极 G 时，万用表电阻档指针应向右偏转，读数在 10Ω 左右。如阳极 A 接黑表笔，阴极 K 接红表笔时，万用表指针发生偏转，则说明该单向晶闸管已击穿损坏。

2）双向晶闸管的检测。

① 万用表选电阻 R×1Ω 档，用红、黑表笔分别测量任意两引脚间的正、反向电阻，其中两组读数为无穷大。若一组读数为数十欧姆，则该组红、黑表笔所接的两引脚为第一阳极 A1 和门极 G，另一空脚即为第二阳极 A2。确定 A1、G 极后，再仔细测量 A1、G 极间的正、反向电阻，读数相对较小的那次测量的黑表笔所接引脚为第一阳极 A1，红表笔所接引脚为

门极 G。

② 将黑表笔接已确定的第二阳极 A2，红表笔接第一阳极 A1，此时万用表指针不应发生偏转，阻值为无穷大。再用短接线将 A2、G 极瞬间短接，给 G 极加上正向触发电压，A2、A1 间的阻值在 10Ω 左右。随后断开 A2、G 间的短接线，万用表读数应保持在 10Ω 左右。接着互换红、黑表笔接线，即红表笔接第二阳极 A2，黑表笔接第一阳极 A1，同样万用表指针应不发生偏转，阻值为无穷大。

③ 用短接线将 A2、G 极间再次瞬间短接，给 G 极加上负的触发电压，A1、A2 间的阻值也在 10Ω 左右。随后断开 A2、G 极间的短接线，万用表读数应不变，保持在 10Ω 左右。若符合以上规律，则说明被测双向晶闸管未损坏，且三个引脚的极性判断正确。

检测较大功率的晶闸管时，需要在万用表黑表笔中串接一节 1.5V 的干电池，以提高触发电压。

3）晶闸管管脚的判别。先用万用表 R×1k 档测量三脚之间的阻值，阻值小的两脚分别为门极和阴极，剩下的一脚为阳极。再将万用表置于 R×10k 档，用手指捏住阳极和另一脚，且不让两脚接触，黑表笔接阳极，红表笔接剩下的一脚，如表针向右摆动，则说明红表笔所接为阴极；若表针不摆动，则说明红表笔所接为门极。

3. 压敏电阻

（1）主要功能　压敏电阻用 ZE 表示，用于过电压保护。

（2）检测工具　万用表或目测。

（3）检测方法　用万用表的 R×10k 档，测量压敏电阻的阻值一般为 470kΩ 左右。另外，压敏电阻损坏后，可以目测观察其是否爆裂，如爆裂或万用表检测导通应予以更换。

4. 熔丝管

（1）主要功能　熔丝管用 FC1.2（FUSE）表示，用于过电压、过电流保护。

（2）检测工具　万用表或目测。

（3）检测方法　熔丝管损坏后，可以目测观察熔丝是否熔断，如熔断应更换。注意：如计算机控制板上只有熔丝损坏，而且熔丝管内壁有明显的熏黑现象，切记不可盲目更换，应先检查内、外电动机部件是否损坏。

5. 整流桥

（1）主要功能　用 DB 表示，用于将变压器输出的交流电转变为直流电。

（2）检测工具　万用表。

（3）检测方法　检测整流桥的初级应有 AC 12V 左右的电压输入，次级应有 DC 12V 电压输出，如无直流电压输出，则应更换该部件。

6. 7805 三端集成稳压器

（1）主要功能　用 RG1 表示，用于把经过整流电路的不稳定的输出电压变成稳定的输出电压。

（2）检测工具　万用表。

（3）检测方法　在通电的情况下，可以检测管脚的 1、2 端输入约为 DC 15V 的电压，管脚 2、3 端输出稳定的 DC 5V 电压，如无电压输出，则更换该部件。

7. 变压器

（1）主要功能　代号为 T，用于将 AC 220V 电压转变为供给计算机控制板使用的 12V

低压电源。

（2）检测工具　万用表。

（3）检测方法

1）在通电的情况下，可以检测变压器的次级是否有 AC 13.5V 电压输出，若无电压输出，则更换该部件。

2）在无电的情况下，可以检测变压器初级和次级的阻值，一般情况下初级阻值为几百欧姆，次级阻值为几欧姆。

8. 电容器

（1）主要功能　代号为 C，用于存电荷、滤波、移相。

（2）检测工具　万用表。

（3）检测方法　切断电源，取下连通电容器两端的接线，用导体连通电容器的两个接线端进行放电（特别是滤波电容，如电容器不放电，带电测量会损坏仪表）。电容放电后，用万用表的 R×1kΩ 档进行测量，当表笔刚与电容器两接线端连通时，表针应有较大的摆动，随后慢慢回到接近无穷大的位置。如表针摆动不大，则说明电容量较小；如表针回不到接近无穷大的位置，则说明电容漏电严重，应更换。注意：电解电容有正、负极之分，维修人员在更换电容时不要接错正、负极，否则会造成电容击穿而引起事故。

9. 光电耦合器

（1）主要功能　代号为 TLP，它利用光电输出脉冲处理信号控制电源的开关。

（2）检测工具　万用表。

（3）检测方法　用万用表的 R×1kΩ 档，测量管脚 1、2 端的电阻值为 1kΩ，管脚 3、4 端的电阻值为无穷大。

10. PTC 电阻器

（1）主要功能　代号为 PTC，它是正温度系数热敏，对整机的电源电压和工作电流起限压、补充和缓冲作用。

（2）检测工具　万用表。

（3）检测方法　用万用表的 R×1Ω 档测量 PTC 的两端，阻值应为（40±10%）Ω，否则应更换电阻器。

11. 电感

（1）主要功能　代号为 T，起滤波作用。

（2）检测工具　万用表。

（3）检测方法　用万用表的 R×1Ω 档测量电感的两端，阻值应为 15Ω 左右，否则应更换。

12. 二极管

（1）主要功能　代号为 D，正向导通，反向截止。

（2）检测工具　万用表。

（3）检测方法　用万用表的 R×100Ω 档测量二极管的两端（二极管的银色一端为负极），正、负极阻值正向应为 500Ω 左右，反向为无穷大，如不是则更换二极管。

13. 三极管

（1）主要功能　代号为 DQ，主要起开关和放大作用。

（2）检测工具　万用表。

（3）检测方法　用万用表的 R×100Ω 档测量三极管的基极和发射极，两端的正向电阻为 500Ω 左右，反向电阻为无穷大；基极和集电极两端的正向电阻为 500Ω 左右，反向电阻为无穷大；发射极和集电极之间的正、反向阻值均为无穷大，如不是则更换。

14. 压缩机

（1）主要功能　压缩机是空调制冷系统的核心部件，为整个系统提供循环动力。

（2）检测工具　万用表。

（3）检测方法　用万用表的 R×1Ω 档测量 R、S、C 三个接线柱之间的阻值，正常情况下，R 和 S 之间的电阻值为 R 与 C 及 S 与 C 端子之间绕组值之和；对于三相交流电源供电的空调，三个端子的绕组值相等。备注：常见故障包括绕组短路、断路，绕组碰壳体接地，卡缸，抱轴，吸、排气阀关闭不严。

15. 四通阀

（1）主要功能　四通阀是热泵型空调进行制冷、制热工作状态转换的控制切换阀。

（2）检测工具　万用表。

（3）检测方法　用万用表的 R×1kΩ 档测量线圈两插头的阻值，正常情况下其阻值为 1.2~1.8kΩ。备注：常见故障包括线圈短路；当四通阀线圈短路严重时，开机制热时会造成短路电流大而烧坏熔丝管，使整机不能工作。

16. 单向阀

（1）主要功能　单向阀是一种防止制冷剂反向流动的阀门，它由尼龙阀针、阀座、限位环及外壳组成。单向阀主要用于热泵空调器，并与一段毛细管并联在系统中。

（2）检测工具　压力表或目测。

（3）检测方法　用压力表检测系统高压压力，并与正常情况下的数值进行比较。常见故障如下：

1）关闭不严：制热时，制冷剂通过关闭不严的单向阀，造成系统高压压力下降，从而导致制热效果差。

2）堵塞：单向阀阀芯被堵后会出现结霜现象，将造成制冷效果差。

17. 电子膨胀阀

（1）主要功能　电子膨胀阀由线圈通过电流产生磁场并作用于阀针，驱动阀针旋转，当改变线圈的正、负电源电压和信号时，电子膨胀阀也随着开启、关闭或改变开启与关闭间隙的大小，从而控制系统中制冷剂的流量及制冷（热）量的大小。阀芯开启得越小，制冷剂的流量越小，其制冷（热）量越大。

（2）检测工具　万用表。

（3）检测方法　用万用表测量电子膨胀阀线圈两公共端与对应两绕组的阻值，正常情况时应为 50Ω，阻值无穷大时为开路，阻值过小时为短路。常见故障如下：

1）一拖二机器 A、B 机电子膨胀阀线圈固定错或室外机 A、B 机端子控制线接反，无法开机。

2）电子膨胀阀线圈短路或开路，造成无法正常工作。

3）阀针卡住，开度不变，造成机器升频后频率又下降，无法达到高频。

18. 同步电动机

（1）主要功能　同步电动机主要用于窗式机与柜式机导风板的导向，其工作电压为 AC 220V，电源由计算机控制板供给，当控制面板送出导风信号后，计算机控制板上的继电器吸合，直接提供给同步电机电源，使其进入工作状态。

（2）检测工具　万用表。

（3）检测方法　用万用表的 AC 250V 档检测连接插头处是否有 220V 的电压输出，如有则表示电动机损坏，应更换电动机；如无，则表明计算机控制板故障，应更换计算机控制板。注意：同步电动机表面贴有防潮绒膜，该绒膜不能去掉，否则易造成电动机受潮损坏。

19. 步进电动机

（1）主要功能　步进电动机主要用于控制分体壁挂式空调器的导风板，使风向能自动循环控制，从而使气流分布均匀。它以脉冲方式工作，每接收一个或几个脉冲，电动机的转子就移动一个步距，移动的距离可以很小。

（2）检测工具　万用表。

（3）检测方法

1）用手拨动导风叶，看其是否转动灵活，若不灵活，则说明该叶片变形或某部位被卡住。

2）检查电动机插头与控制板插座是否插好。

3）将电动机插头插到控制板上，分别测量电动机的工作电压以及电源线与各相之间的电压（额定电压为 12V 的电动机，其相电压约为 4.2V；额定电压为 5V 的电动机，其相电压约为 1.6V），若电源电压或相电压有异常，则说明控制电路损坏，应更换控制板。

4）拔下电动机插头，用万用表的欧姆档测量每相线圈的电阻值（一般额定电压为 12V 的电动机，其每相电阻为 $200 \sim 400\Omega$；额定电压为 5V 的电动机，其每相电阻为 $70 \sim 100\Omega$），若某相电阻太大或太小，则说明该电动机线圈已损坏。

20. 内、外风机电动机

（1）主要功能　海尔空调器的内、外风扇电动机均采用电容感应式电动机，电动机有起动和运转两个绕组，并且起动绕组串联了一个容量较大的交流电容器。海尔空调内、外风机电动机的调速有两种控制方法：一种为晶闸管控制，多用于小分体空调；一种为继电器控制，多为柜式空调。

（2）检测工具　万用表。

（3）检测方法　由于各种型号电动机绕组的阻值及测量端子不同，在此不再详述。

21. 遥控器

（1）主要功能　遥控器是以红外遥控发射专用集成电路 ZL1 为核心组成的。海尔空调器目前使用的遥控器有多种，但其操作方法基本相同，均使用两节 7 号电池。

（2）检测工具　万用表。

（3）检测方法　遥控器本身一般不会出现故障，多是从高处跌落导致液晶显示板破裂；另外，当遥控器出现故障时，首先应检查电池电量是否充足，电池弹簧接触是否良好，有无锈蚀问题等。

22. 接收器

（1）主要功能　接收器在空调器中主要用于接收遥控器发出的各种控制指令，再传给计算机控制板主芯片来控制整机的运行状态。

（2）检测工具　万用表。

（3）检测方法　用万用表测量其 2、3 脚，当接收器收到信号时，两脚间的电压应低于 5V；再无信号输入时，两脚间的电压应为 5V。

23. 过电流（过热）保护器

（1）主要功能　这种保护器紧压在压缩机的外壳上（为早期使用的压缩机），并与压缩机电路串联，它能感受到压缩机的外壳温度和电动机的电流，无论哪一个超过了规定值，都会使继电器的触点断开，从而使压缩机停止运转。其发热元件为双金属片和电热丝，当继电器的电热丝冷却后，双金属片恢复原形，使触点闭合。另外，还有一种内埋式热保护继电器，该元件埋在压缩机内部绕组中，直接感受压缩机绕组的温度变化，主要用于家用空调和海尔 306、506、307、507 等机型的压缩机。

（2）检测工具　万用表。

（3）检测方法　用万用表的 R×1Ω 档或 R×10Ω 档测量热保护器两端的电阻值，正常时应该为 0V，否则说明保护器已经损坏，需要更换。

24. 温度传感器

（1）主要功能　温度传感器主要采用负温度系数热敏电阻，当温度变化时，热敏电阻的阻值也发生变化，温度升高时阻值变小，温度降低时阻值增大。

（2）检测工具　万用表。

（3）检测方法　各类传感器的阻值在不同温度下各不相同，用万用表测量出传感器的阻值后，与相应温度正常情况下的阻值进行比较即可。例如：室温传感器在 25℃ 和 30℃ 时的阻值分别为 23kΩ 和 18kΩ，管温传感器在 25℃ 和 30℃ 时的阻值分别为 10kΩ 和 8kΩ。

25. 交流接触器

（1）主要功能　交流接触器是一种利用电磁吸力使电路接通和断开的一种自动控制器，它主要有铁心、线圈和触头组成。目前，海尔空调中只有功率在 3P 以上的机器采用交流接触器控制压缩机的开停（更换时注意其工作电压）。

（2）检测工具　万用表。

（3）检测方法

1）检测线圈绕组的阻值，看其是否断开或短路。

2）用万用表的欧姆档检测交流接触器上、下接点的通断情况，在未通电的情况下，上、下触点的阻值应为无穷大，如有阻值，则表明内部触点粘连。

3）按下交流接触器表面的强制按钮，用万用表测量上、下触点的阻值，每组阻值正常情况下应该为零，若为无穷大或阻值变大，则表明内部触点表面可能有挂弧现象。

如果出现以上三种现象，均应该更换交流接触器。另外，对于单相 3P 空调，当电压不稳或起动时压降较大时，都很容易损坏交流接触器，如有此类现象，维修时一定要先将电源故障排除后再更换接触器，否则还会出现以上故障。

26. 负离子发生器

（1）主要功能　负离子发生器主要通过发射负离子并使其与空气中的细菌、颗粒、烟尘相结合，来达到除菌、清洁空气的效果。

（2）检测工具　万用表。

（3）检测方法：

1）将专用的负离子检测板放在发生器的前端，当检测到负离子发生器工作时，检测板上的灯会闪烁，证明负离子发生器正常。

2）使用专用的测电笔，当负离子发生器工作时，测电笔中的氖管会闪烁，说明负离子工作正常。

3）负离子工作电压为计算机控制板供给的 DC 12V，经升压变压器升压后产生 3500V 左右的直流电，但是其电流值很小，只有几微安左右。判定方法：打开负离子功能，测量负离子发生器在计算机控制板上的插接处有 12V 电压输出，但是负离子发生器不工作，说明需更换负离子发生器。另外，当计算机控制板上没有给负离子发生器的 12V 输出电压时，说明计算机控制板损坏，应予以更换。

27. 功率模块

（1）主要功能　功率模块的作用是将输入模块的直流电压通过其三极管的开关作用转变成驱动压缩机的三相交流电源。变频压缩机运转频率的高低完全由功率模块所输出的工作电压的高低来控制，功率模块输出的电压越高，压缩机的运转频率及输出功率越大；反之，压缩机的运转频率及输出功率越低。

（2）检测工具　万用表。

（3）检测方法

1）用万用表测量 P、N 两端的直流电压，正常情况下在 310V 左右，而且输出的交流电压（U、V、W）一般不高于 200V，如果功率模块的输入端无 310V 直流电压，则表明该机的整流滤波电路有问题，而与功率模块无关；如果有 310V 直流输入电压，而没有低于 200V 的交流输出电压，或 U、V、W 三相间输出的电压不均等，则可以判断功率模块有故障。

2）在未连机的情况下，用万用表的红表笔对 P 端，黑表笔对 U、V、W 三端，其正向阻值应相同，如其中任何一项阻值与其他两项不等，则可判断功率模块损坏。然后用黑表笔对 N 端，红表笔分别对 U、V、W 三端，其每项阻值也应相等，如不等，也可判断功率模块损坏。注意：更换功率模块时，切不可将新的模块接近有磁体或带静电的物体，特别是信号端子的插口，否则极易引起模块内部击穿，导致其无法使用。

28. 电抗器

（1）主要功能　电抗器主要用于变频空调器的电源直流电路中，其外形类似于变压器，由铁心和绝缘漆包线组成，该部件有些固定在室外机底盘上，目前固定在隔板上的居多。当 AC 220V 电压经过整流桥、滤波后，交流成分的电流通过具有电感的电路时，电感有阻碍交流电流流过的作用，将多余的能量储存在电感中，可提高电源的功率因数。

（2）检测工具　万用表。

（3）检测方法　用万用表的 R×1Ω 档测量其绕组，阻值约为 1Ω。

29. 毛细管

（1）主要功能　毛细管是制冷系统中的节流装置，空调器采用的毛细管一般为 ϕ2mm，长 0.5~2m 或 2~4.5m 的纯铜管。

（2）检测工具　目测法。

（3）检测方法　当毛细管出现脏堵、水堵、油堵后，从表面上看毛细管部位结霜不化，严重时会使制冷系统的高压压力偏高、低压压力偏低，导致制冷效果下降；当出现泄漏时，漏点处会有油污，会导致制冷剂不足，压力下降，制冷效果差。

30. 蒸发器、冷凝器

（1）主要功能 蒸发器、冷凝器主要用于使制冷剂与室、内外空调进行热量交换。

（2）检测工具 目测、水检、卤素检测仪。

（3）检测方法 蒸发器、冷凝器的常见故障为系统中有异物或制造时产生的堵塞及漏点，另外还有铝合金翅片积存附着了大量的灰尘或油垢。当蒸发器、冷凝器出现漏点时，漏点周围会出现油污。

31. 二通阀

（1）主要功能 二通截止阀安装在室外机组配管中的液管侧，由定位调整口和两条相互垂直的管路组成。其中一条管路与室外机组的液管侧相连，另一条管路通过扩口螺母与室内机组的配管相连。

（2）检测方法 检修或安装二通阀时，先拧开带有铜垫圈的阀杆封帽，再用六角扳手拧动阀杆上的压紧螺钉，顺时针方向拧动时，阀杆下移，阀孔闭合；反之，阀孔开启。检修完毕后，检查阀杆处无泄漏后拧紧阀杆封帽。

32. 三通阀

（1）主要功能 三通阀除了二通截止阀的功能外，还多了一个工艺口，为检修空调提供了方便。三通截止阀有两种，其中一种是维修口内有气门销的三通截止阀，它由一条管路连接口、一个调整口和一个维修口组成，四个口都相互垂直。当阀杆下移至关闭位置时，配管与室外机组管路断开。

（2）检测方法 用肥皂水对工艺口及阀芯和配管接口处进行检漏。

33. 干燥过滤器

（1）主要功能 干燥过滤器用于吸收系统中的水分，阻挡系统中的杂质使其不能通过，防止制冷系统管路发生冰堵和脏堵。由于系统最容易堵塞的部位是毛细管，因此干燥过滤器通常安装在冷凝器与毛细管之间。干燥过滤器的外壳采用纯铜管收口成形，内装金属细丝或多孔金属板，可以有效地过滤杂质。

（2）检测工具 目测。

（3）检测方法 观察干燥过滤器的表面是否结霜。注意：干燥过滤器中采用吸湿特性优良的分子筛作为干燥剂，以吸收制冷剂中的水分。当干燥剂因吸水过多而失效时，应进行更换。常见故障：主要为制冷系统压缩机产生的机械磨损造成的金属粉末以及管道内的一些焊渣和冷冻油内的污物对过滤器产生的阻塞，导致制冷剂循环受阻。

34. 消声器

（1）主要功能 压缩机排出的制冷剂高压蒸汽的流速很高，一般在 $10\sim25m/s$ 之间，这样就会产生一定的噪声。因此，压缩机的高压出气管上通常装有消声器，其作用是利用管径的突然变大将噪声反射回压缩机。消声器一般为垂直安装，以利于冷冻油的流动。

（2）检测方法 检查焊接口处是否有焊漏。

35. 高低压力开关

（1）主要功能 当冷凝器严重脏堵、风扇有故障、冷却风量不足、制冷剂过量时，会产生过高的排气压力，降低了空调器的工作效率和制冷效果，严重时会损坏压缩机。因此，空调器在排气管上一般装有高压开关，当排气压力过高时，高压开关会自动切断空调器主要电路。相反，当压缩机吸气压力过低时，也会造成空调器的工作不正常，因此在压缩机吸气管上通常装有低压开关。此类开关都比较简单，其动作压力在制造时已经确定，不能调节。

（2）检测方法　检查焊接口处是否有焊漏，正常情况下，用万用表的 $R \times 1\Omega$ 档测量压力开关应导通。

36. 电加热器

（1）主要功能　在热泵型空调中，其加热元件有 PTC 式和电加热管式加热器两种类型，小型空调常用 PTC 式加热器，大中型空调则采用电加热管式加热器。常见故障：电热丝断、丝间短路或绝缘损坏等。

（2）检测工具　万用表。

（3）检测方法　检修时可用万用表测试其电阻值，若阻值为无穷大，则为断路；若阻值很小，则为短路。电加热器的工作一般由芯片控制，芯片发出加热指令，当感温包感受到环境温度较低时，加热器开始工作。若发出指令后电加热器虽然工作但无热风吹出，则可能是电热丝故障，也可能是线路板故障，应用万用表对线路板进行检查，看变压器是否有电源输出。

37. 气液分离器

（1）主要功能　气液分离器和压缩机为一体，主要用于在制冷系统制冷剂回压缩机吸入口时，储存系统内的部分制冷剂，防止压缩机液击或因制冷剂过多而稀释冷冻油，并将制冷剂气体、冷冻油充分地输送给压缩机。

（2）检测工具　压力表。

（3）检测方法　检测压缩机排气压力及回气压力，并与正常情况下的数值进行比较。常见故障：主要为制冷系统压缩机产生的机械磨损造成的金属粉末以及管道内的一些焊渣和冷冻油内的污物对过滤器造成阻塞，使压缩机回气、回油变差，压缩机工作温度升高，高压压力偏高，易产生过热保护。排除方法：将系统制冷剂放完以后将气液分离器焊下，用四氯化碳、二氯乙烯进行清洗，堵塞严重时可进行更换。